講談社選書メチエ
684

「生命多元性原理」入門

太田邦史

MÉTIER

目次

本文中図版のうち、出所表示がないものは筆者作成（イラスト／さくら工芸社、一部は作成にあたって先行資料を参照している）。

はじめに

文系も楽しめる生物学

「蓼《たで》食う虫も好き好き」ということわざがある。蓼という草はとても苦い。しかし、そんな草を好んで食べる虫がいる。このように人の好みもさまざまで、常識を超えた違いがある、という意味で用いられることが多い。

実は、このことわざは、生物学にとって含蓄の深いことばである。砂漠のような場所に好んで生息する生物、ヘラジカの大きくなりすぎた角のように、もてあまし気味の器官をもつ生物など、なぜそんなにヘンなのかという生き物が数多く存在する（もっとも、人間以外の生物から見れば、人間ほどおかしな生物はないのかもしれないが）。これを「生物の多様性」ないしは「多元性」というのだが、本書は、その本質的な重要性に光を当てようというものである。

生物の多様性は、生物学にとっては、きわめて重要な概念であると当時に、初学者の学習を困難にしているという側面もある。多様性の結果として、この学問にはとにかく専門用語の数が多いのだ。

人間が生きていくには、二万種類ほどのタンパク質という「役者」が必要であり、それらがたがいに結合したり、複雑に相互作用したりしながら、それぞれの「役」を演じている。こんなに複雑な登場人物リストをもつシナリオの映画や小説を書いたら、読者から総スカンを食らうだろう。生物を動かしているメカニズムや基本的な概念の数も、ほかの科学分野に比べると桁外れに多い。

筆者は大学で生物学を教えているが、一般的に学生はたくさんのことを覚えることを嫌うものである。そうしたわけで、大学で生物学を教えていると、「生物嫌いの学生」に多く出くわすことになる(学生に生物嫌いの理由を聞いてみると、「なんだかソフトで複雑、とらえどころがない」とか、「血とか臓器の絵とかが生々しすぎてダメ」という感覚的な感想もあるのだが)。

みなさんの中にも、中学校の理科や高校の生物の授業では、いろいろな生物の器官や種類を覚えさせられてうんざりしたという人が多いだろう。それが大学で生物学(とくに分子生物学や生化学)を学ぶともなると、英語の頭文字と数字が組み合わさった呪文のような遺伝子やタンパク質の名前などに遭遇することになる。多数の専門用語や隠語《ジャーゴン》を勉強しているうちに、頭が飽和してきて嫌気がさす人も多い。これは学生だけではなく、実のところ第一線の生物学者ですら、学会などで他分野の研究発表を聴いた際に、同じ感想を漏らす人がいるほどなのだ。

だが、生物学を長年教えている教員としては、そのまま黙って悪評を聞き流すというわけにはいかず、よりよい学習方法を示さなくてはならない。そこで私は、いわゆる「文系科目」(たとえば語学)と似た勉強法を勧めることにしている。

語学では、多様な語彙を習得することに加え、原理的な文法・用法を使いこなし、かついろいろな状況に応じて多様な使い方を現状に即して学んでいく必要がある。生物学も、基本となる原理的な部分を習得しつつ、多くの専門用語や概念を習得し、さらに細胞や個体においてそれらがどのように機能しているか、その原理的な部分を生物の実体に即して理解する必要がある。両者には共通点があるのだ。

このような生物学の特性は、物理学などを得意とする学生などから見ると、なにやら抽象度の低い、現象的で低次元の学問のように見えることがあるようだ。だがその反面、生物学は理系以外の方々にも、比較的取っつきやすい学問ということにもなるのである。

近年、実際に筆者の所属する生物学系学科に、文系として入学した学生が入ってくるケースが増えてきた。興味深いことに、彼ら／彼女らは、比較的早期に生物学を習熟することができる。授業などでは、むしろ文系学生のほうが熱心に聴講するほどでもある。

また、生物学は身近な生き物の具体例を示しながら話すことができるので、本来誰にでも関心をもってもらえる要素が多い。また、文系の学問が取り扱う人間の社会や文化は、生物の一種である人間をベースにしている。したがって、文系人間が生物学に関心を抱くというのも、至極当然なことであろう。

しかしながら、専門書の多くは生物学の非常に専門的な一部分を詳細に解説するものが多い。これは学問の専門化の流れの中で、致し方ないことなのであるが、生物全般の面白さを大まかに理解したいという方々のニーズにはあまり応えていない。そこで、本書では細部の解説よりも、重要な原理的な部分に重きを置いて書くことにした。

なぜ、いま生物学を学ぶのか

あたり前のことだが、人間は生物である。人間を扱う技術、たとえば医学などでは、生物学の基礎的知識が大前提になっている。近年、大して根拠もないのに健康に効果があるという触れ込みで、高額な健康食品などが市販されている。また、がん治療などの世界では、実はかえって寿命を縮めてしまう可能性がある民間療法がもてはやされることもある。これらは、生物学を知らないためにもたらされる一種の詐欺被害のようなものである。似非《えせ》科学を見分けて身を守るためにも、ごく基本的な生物学的知識は、誰にとっても必要だといえる。

社会のリーダーにも生物学の知識が必要である。たとえば、山本七平『日本はなぜ敗れるのか――敗因21カ条』(角川oneテーマ21)という本では、第二次世界大戦でなぜ日本が米国に敗れたかを分析する中で、「指導者に生物学的常識がなかった事」が挙げられている。陸軍参謀本部のような戦略立案をする上層部に、「人間が一つの生物」であるという認識や、人間である兵士に「生物として科学的限界」が存在するという根本的な知識が欠落していた、というのだ。人間が活発に活動するにはどうしても必要なカロリーや栄養素がある。つまり「補給」が戦略には不可欠なのだが、それを精神論だけでなんとかしろというのは、まったく非科学的である。基礎的な生物学的知識の欠落が、インパール作戦やガダルカナル戦の惨状に帰結したと考えられる。そして、この問題は現代にあっても改善されていない。さまざまな職場において、生物学的な限界を超えた仕事上の要求が繰り返しなされ、過労死につながっている状況を見れば、それは明らかである。

もう少し建設的な観点からも、生物学の重要性は指摘できる。ビジネスにおいても、人文・社会系分野の研究においても、最新の生物学的な知識を吸収することで、これまでにない発想が得られる可能性があるはずだ。「人間の活動をどう捉えていくか」という視点は、イノベーションを生み出すためにきわめて重要なはずであり、そのためには、人間が生物である以上、生物としての特性を知ることは、必ず有益である。生物学的な見地から人間社会を見直すことは古くからおこなわれているが、いまいちど先端の生物学を俯瞰《ふかん》することで、新たなパラダイムがひらける可能性があるだろう。

悩ましい「専門用語の壁」

いま挙げたような本書の究極的目的については、多くの方が重要性を認めるところであろう。しかし、最先端科学の内容を専門外の人間にわかりやすく伝えるというのは、実のところほとんど不可能な難業なのではないかと思いつつ、この原稿を書いている。その難しさは、九九や四則演算も教えられていない人に、高度な先端数学をいきなり説明することにたとえてもよいだろう。

筆者がかつてカルチャーセンターで講義をした際、そのセンターの方から「できるだけ数式や専門用語を使わないでほしい」という注文があった。生物研究者としてはもうあたり前になっている用語も、専門外の多くの人々には、何かの呪文のように聞こえるらしい。

だが、専門用語を極限まで減らせばわかりやすいかというと、単純にそうとは言い切れない。記述に具体性がなくなり抽象性が高くなってしまうし、深い議論ができなくなってしまうのだ。つまり、生物学の基礎的なことをほとんどまったく知らない読者に最適化させすぎると、本当に簡単なことしか書けず、浅薄な内容になってしまう。

そのようなわけで、本書には、どうしても必要な限りにおいて専門用語は出てきてしまう。しかし、登場する用語をできるだけ厳選し、使う場合にはその意味を丁寧に説明することにした。さらには、理解を促進するために、できるだけ具体的な事例を挙げて説明するように心がけている。また、重要な専門用語はゴシック体で強調しておいた。

さらに、わかりやすさと議論の深さを両立するために、記述対象の絞り込みをおこなった。生物学とひと口にいっても、とても幅が広い学問である。基本的な生命現象を取り上げる分子生物学や細胞生物学、遺伝学、生化学などに加え、より高次な脳科学、進化生物学、生態学など実に多岐にわたる。筆者の専門は分子生物学や遺伝学であり、そのほかの領域すべてについて代表して述べるような無謀なことは避けたい。

そのようなわけで、本書が取り上げる生物学は、DNAや遺伝子、ゲノムという観点から見た一側面にすぎないことを最初に断っておきたい。もちろん、関係する箇所では、ほかの領域の内容に踏み込んで議論をおこなうことがあるが、それはあくまでも筆者の個人的な興味から見た局面だけであり、教科書のような網羅性はない。本書では、まずは筆者の得意とする分野を中心に書き進め、時折脱線しながら、より多くの方に生物学の魅力を伝えることを目的としている。さらに網羅的に学んでみたくなった場合は、より専門的な教科書などで勉強を進めてほしいし、そのような関心を読者がもっていただければ大いなる喜びである。

生命は「多元的情報ネットワーク」

本書では、さまざまな生物の特質のうち、「多様性」という原理に焦点を絞って話を進める。「生物多様性」ということばは、地球レベルの環境政策などの面からも重要な概念として昨今注目されているが、本書で取り扱う「多様性（あるいは多元性）」は、もう少し広義で本質的なものである。

なお、本書では「多様性」とあわせて「多元性」ということばも用いている。単なる生物種の多様性についての議論に留まらず、より根源的な多様性、たとえば個体の個性のゆらぎなどについても述べる際には「多元性」を主に用いるようにしたい。

あわせて、「生物」と「生命」についても述べておこう。本書では、「生物」は具体的な生物種や生命体を指しており、「生命」はそれらすべてが営む生命活動や生命原理など、より広い対象を表そうという意図がある。

さて、生物は、（一見そうは見えないかもしれないが）外部環境の変化に応じて絶えず変化している。自己変革を続ける多元的情報ネットワークといってもよいかもしれない。本書では、「動的に自己変革する多元な生命」という生命像を描きながら、人類社会への洞察を深めていきたい。

個々の生命体が、与えられた環境下で相互作用し、おたがいを「他者」としながら影響・干渉し合いつつ、変革の方向性が探索され、決定されていく。生命体は常に現状での暫定的な正解を模索している。生命体は、「固定的な完成型」や「絶対的で最終的な解」というものを求めているのではけっしてないのである。

生命体にとっては、最善状態に固定的であるより、絶えず移ろい、変化すること、また「多様にゆらいでいること」のほうが重要である。固定的な一つの完成型に至るということは、そこには袋小路《ふくろこうじ》のような閉塞状況が現れたということを意味する。このような場合、環境への適応が次第に弱くなり、やがて絶滅する運命が待っているのである。

上記のような「存在の動的な相互依存性」は、生命体のあらゆる階層に見られる。微視的レベルではDNAやタンパク質、細胞内の小さな機能構造（「オルガネラ」という）などは、おたがいに関連しながら、一つの動的なネットワークを形成している。巨視的レベルでも、個体間の相互作用や、生態系に存在するさまざまな生物種間の相互作用、さらには生態系が地球の環境にはたらきかけて生じる巨視的な変化なども、動的な相互依存性として認められる。

このような自律的な動的ネットワークとしての特性があるために、環境変化が起きても何であれ何か生きているもの・生命が地球上に生き残ることができる。つまり、環境変動に対して生命がかなりの「堅牢性《けんろう》（ロバストネス）」を示すことになる。起こり得るあらゆる環境変化への現実的な適応、これに対応するために生命が生み出し、保ち続けているのが移ろいゆく生命の多元性なのである。

ティンバーゲンの四つの質問

本書は、一つの試みとして、オランダの動物行動学者ニコラス（ニコ）・ティンバーゲンが提唱した「ティンバーゲンの四つの質問」に沿った形で章立てをおこなっている。これは、ある生物の行動がなぜ生じるかという疑問に対する、四種類の回答方法のことを指す（表1）。

問いを立てるにあたって、まず「至近要因」という見方がある。これは、「どのようにして」その生物機能が生じたのかという見方のことである。この至近要因は、さらに動的なレベルと静的なレベルに分けることができる。

表1　ティンバーゲンの四つの質問

	動的・静的な分類	
	動的な見方	静的な見方
至近要因（How?） どのようにしてその生物機能が生じたか	**①個体発生** 生物のでき方（発生）による説明	**②メカニズム（因果関係）** 生物の機構・メカニズムからの説明
究極要因（Why?） なぜその生物機能が生じたか	**③系統進化** 進化過程からの説明	**④機能（適応）** 外部環境への適合性という見地からの説明

動的なレベルとは、時間軸を伴った至近要因の見方であり、生物がどのようにして形成されてきたかという「個体発生論 Ontogeny」の観点につながる。つまり、個体がどのように形づくられてきたかという発生の過程から、その機能や行動の理由を考察する。肉食動物の眼が顔に平面的に配置されるように形成されることで、獲物を捕らえるのに適した立体視が可能になった、などの説明が考えられる。

いっぽう、静的なレベルの至近要因の見方としては、その個体の構造が有する「メカニズム・因果関係 Causation」がある。メカニズムは、解剖学的な見地や、分子生物学や生化学的な因果関係からの回答になる。たとえば、人間の血糖値が一定に保たれるのは、食後に血糖値を下げる物質（インスリン）が膵臓《すいぞう》から放出され、空腹時に糖分を生み出す別の物質（グルカゴン）が放出されることで、バランスがとられるからと説明される。

これら至近要因と対になっている観点に「究極要因」がある。これは、生物の歴史的な成り立ちや、外部環境への適応などの側面から、「なぜ」生物がその機能をもつに至ったかを説明するものである。これにも動的／静的な見方がそれぞれ成り立つ。

動的な究極要因の見方としては、「系統進化 Phylogeny/Evolution」がある。生物が進化史プロセスの中で、なぜその機能をもつようになったのかを考えていくのがこの立場である。個々の生物の形や機能は、進化の過程におけるその先祖生物のあり方に一定の制約を受ける。たとえば、人間の眼の網膜（光を感じて脳に信号を伝えるセンサー器官）は「盲点」といって知覚できない領域がある。脊椎動物の眼は盲点がある形を出発点として進化してきたが、別の進化の過程を経たタコの眼には盲点がない。

静的な究極要因の見方は、「適応・機能 Adaptation/Function」である。これは、その生物が置かれた環境に答えを求めるもので、その機能をもつことで、その環境で生存・増殖しやすくなると説明する立場である。たとえば、シロクマは体毛色が白くなったがゆえに、雪原で大きな体をカモフラージュすることが容易になった、などの説明である。あるいは、動物は視覚を獲得し、食糧を見出《みいだ》したり、危険を回避したりすることが容易になった、という説明が可能である。

本書の構成

本書では、生命の多元性について、ティンバーゲンの四つの見方から原理的に眺めてみる構成になっている。

まず第一章では、「系統進化要因」の見地から、生物が地球上の生命史における系統進化の過程で、どのように多元性を利用してきたかについて述べる。

第二章では、「メカニズム・因果関係」面から、ゲノムＤＮＡやエピゲノムの仕組みに内在する生物の多元性原理をメカニズムや物質面から捉える。

第三章では、「適応・機能」として、宇宙的な視座から「多元性を用いた生命体の適応戦略」を捉えなおし、多元性をもつことの原理的な優位性に光を当てていく。

第四章では、「発達・発生要因」として、生物個体がどのように作り上げられていくかという「発生」という観点から、生命多元性の構築原理の秘密に迫る。

そして第五章では、これらの生物多元性の原理と、現代思想との関連性について議論をおこない、生物学の世界からあるべき人間社会の姿を探る。

第一章

地球生命史から考える

——危機をチャンスに変える多元性

多様なる生命

なぜこれほど生物の世界は多様性に満ちているのだろう。ちょっと外を歩いて景色を眺めてみても、いろいろな樹木や草花が見られる。

筆者も幼少時に植物図鑑を眺めつつ、家の近くに生えていた植物をひとつひとつ覚えたものである。残念ながら現在ではその名前のほとんどを忘れてしまっているが、そのときの草花の香りや色などはいまでも記憶に残っていて、楽しい思い出の一つである。夏から秋にかけて咲く白粉花（オシロイバナ）は、花のよい香りもさることながら、実を潰したときに見られる白い粉（澱粉《でんぷん》）に強い印象が残っている。また、風に漂う沈丁花《じんちょうげ》の花の香りにも、春の訪れを感じるなどした。

いろいろな動物について知識を得ることも、なかなか楽しいことである。地球上の動物は、形態的あるいは行動的に本当にバラエティーに富んでいて、よくこれだけ多様な形や行動パターンができてきたものだと感心する。とくに昆虫はその作りが精巧で、どこかメカニックでもあり、好奇心を掻《か》き立《た》てる。写真は米国ニューオリンズのオーデュボン昆虫博物館の甲虫の展示物であるが、驚くほどの多様性と美しさである（**図1－1**）。筆者はそこまでではないが、研究者仲間には筋金入りの熱狂的「昆虫マニア」がいる。

これらの生物を自ら飼育したり、栽培したりするようになる者もいるだろう。この過程で、生命を維持することが予想外に困難であるという現実に突き当たる。筆者はアクアリウムを趣味にしているが、水草と水棲《すいせい》生物、バクテリアの絶妙なバランスを整え安定したミクロ生態系を構築するためには、結構な経験と知識が必要である。いちど安定した状態に達してしまえば、生物たちは健康に長生きできるが、油断しているとちょっとしたことでミクロ生態系が崩れ、昨日まで元気だった小魚やエビが突然死んでしまったりする。水質、生物の組み合わせ、照明時間、土壌（ソイル）の性質、温度、pH、硝酸イオン濃度、その他《た》諸々《もろもろ》に気を遣わなければならない。人間の手で小さな生態系を持続することが、いかにたいへんかを思い知ることになる。ところが、自然界では誰が気にかけるでもなく、平和かつ自律的に生態系が維持されているのである。

学校で生物学を勉強するようになるころには、ミクロからマクロに至るまで、実に多くの要素が多様な個性をもちつつ、おたがいに相互作用しながら生命システムを構築していることに感銘を受けるようになる。とくに、それぞれの生物は物質的にはＤＮＡやタンパク質など斉一的な構成物によって作動しているわけであるが、その表面的な形質が実に多様性に富むことに驚きを感じる。

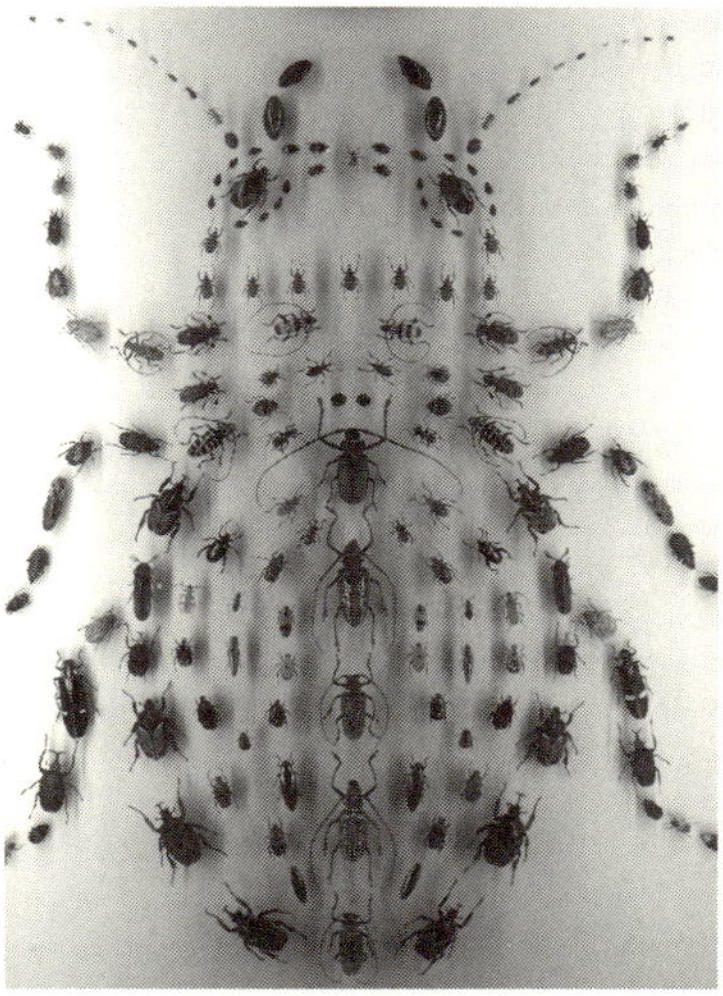

図1-1　オーデュボン昆虫博物館の甲虫展示　筆者撮影、Audubon Butterfly Garden and Insectarium, New Orleans

種の多様性

いわゆる「生物学的多様性 biological diversity」には、「種の多様性」「遺伝子の多様性」「生態の多様性」の三つの概念が存在する。一般的には、「種の多様性」を思い浮かべる人が多いだろう。二〇一一年に「PLoSバイオロジー」（オンラインの科学ジャーナル）に発表された論文によると、現在地球上の生物種は八七〇万種と推定されている。[*1]圧倒的に多いのが「動物 animal」で七七七万種、次いで「植物 plant」が二九・八万種、「菌類 fungus」が六一・一万種などである。この数値は数学的アプローチで算出されたもので、現在もっとも正確な試算値とされている。もちろん実際にひとつひとつ数えた数字ではなく、あくまでも数理科学的アプローチによる推定値にすぎないので、正直どれだけの種数があるかは誰にもわからない。

一つだけいえることは、これまでに発見された生物種数がたかだか一七五万種ほどで、全体の八五％程度が未同定の生物種として残されていることだ。これだけの数を発見した先人の偉業に感銘を受けるが、大多数の生物がまだ発見されていないことも驚きである。ちなみに既知の種類がいちばん多いのは昆虫で、約九五万種である。昆虫は圧倒的に種数が多いので、マニアの誰にも新種発見者になるチャンスが与えられている。注意深く調べれば身近な環境でも新種を発見できる。実際、筆者の職場がある東京大学駒場キャンパス（東京都目黒区）でも、二〇一三年に新種のカメムシが同定されてニュースになった。[*2]

昆虫の多様性もさることながら、現在の地球上の生物多様性のかなりの部分は、陸上の生物による。陸上生物の多様性は海洋生物（約五〇万〜一〇〇万種と推定されている）の一〇倍ほどもあるといわれている。[*3]生物の多様化は、生物の陸上進出と密接な関連があるとされている。このように生物多様性は、生命の歴史と不可分な存在である。第一章では、まず生命の歴史を俯瞰する中で、多様性がいかに生み出されてきたかを考察してみる。

細胞とDNA・RNA・タンパク質

生物多様性はいつごろ生まれたのであろうか。これについては古生物学の知識が必要になる。これは筆者の専門外であるため、ここでは本書の趣旨からずれない程度に、概略を記すことにする。

そのまえに、ごく基本的な生物学の知識を解説しなければならない。それは、「**細胞** cell」「**DNA**」「**RNA**」「**タンパク質** protein」「**遺伝子** gene」である（そんなことはもうよく知っているという読者は読み飛ばしていただいてかまわない）。

生物の多様化の大きな転機となったのは、多細胞生物の登場である。「細胞」というのは、生物を構成する最小の単位となっている袋状の構造物である。我々の体は、三七兆～六〇兆個もの細胞が集まってできている。中には鶏卵のように巨大な細胞もあるが、ほとんどの場合細胞は直接目には見えないほど小さい。ヒトの細胞は一ミリメートルの一〇〇分の一から数十分の一ぐらいの大きさである。

それぞれの細胞の中には、どのように生物を形づくり、どのように機能させるかを指定している巻物のような指令書が格納されている。この指令書の役割をもっているのが、DNA（deoxyribonucleic acid デオキシリボ核酸）である。DNAの詳細は後ほど詳しく記述する。

DNAは非常に細い糸状の物質である。長編の物語が書かれた非常に長い「巻物」みたいなものである。人間のような生物では、細胞の中にこの巻物を格納している図書館が設置されており、これを「**細胞核** nucleus」という。細胞核は袋状の構造体で、DNAが折りたたまれて収納されている（図1－2）。

DNAという巻物では、生命に関するさまざまな情報が、たった四種類の化学的な文字で書かれている。より正確にいうと、四種類の異なる物質が直線的につながり、その並び方で情報を記述しているのである。

DNAに書かれた情報は、果てしなく続く四種類の文字の羅列である。その中で「意味」をもっている部分というのはすごく限られている。ここでいう「意味」というのは、生物が生命を維持していくために必要な機能のことである。生命を維持するためには、細胞内でいろいろな部品を使って仕掛けを動かしていく必要がある。この部品の役割を担う物質が、タンパク質とRNA（ribonucleic acid リボ核酸）という紐《ひも》状の物質である。

タンパク質は二〇種類のアミノ酸という文字が連なった紐状物質で、その文字の並びに応じて水の中で複雑に折りたたまれて特定の形をとり、決まった機能を果たす。ヒトではタンパク質は二万種類ぐらい存在することが知られている。

RNAはDNAの親戚のような遺伝情報物質で、四種類の文字の並びをもっている。DNAとの相違点の一つは、タンパク質のように水の中で複雑な構造をとりやすくなっている点である。いわば、DNAとタンパク質の中間的な性格をもっている物質といえる。

「遺伝子」とは何か

一般的な定義では、タンパク質や、機能をもつことがはっきりしているRNAを指定する部分が「遺伝子領域」である。少々乱暴にいうと、細胞の中で機能する部品を指定しているのが「遺伝子」

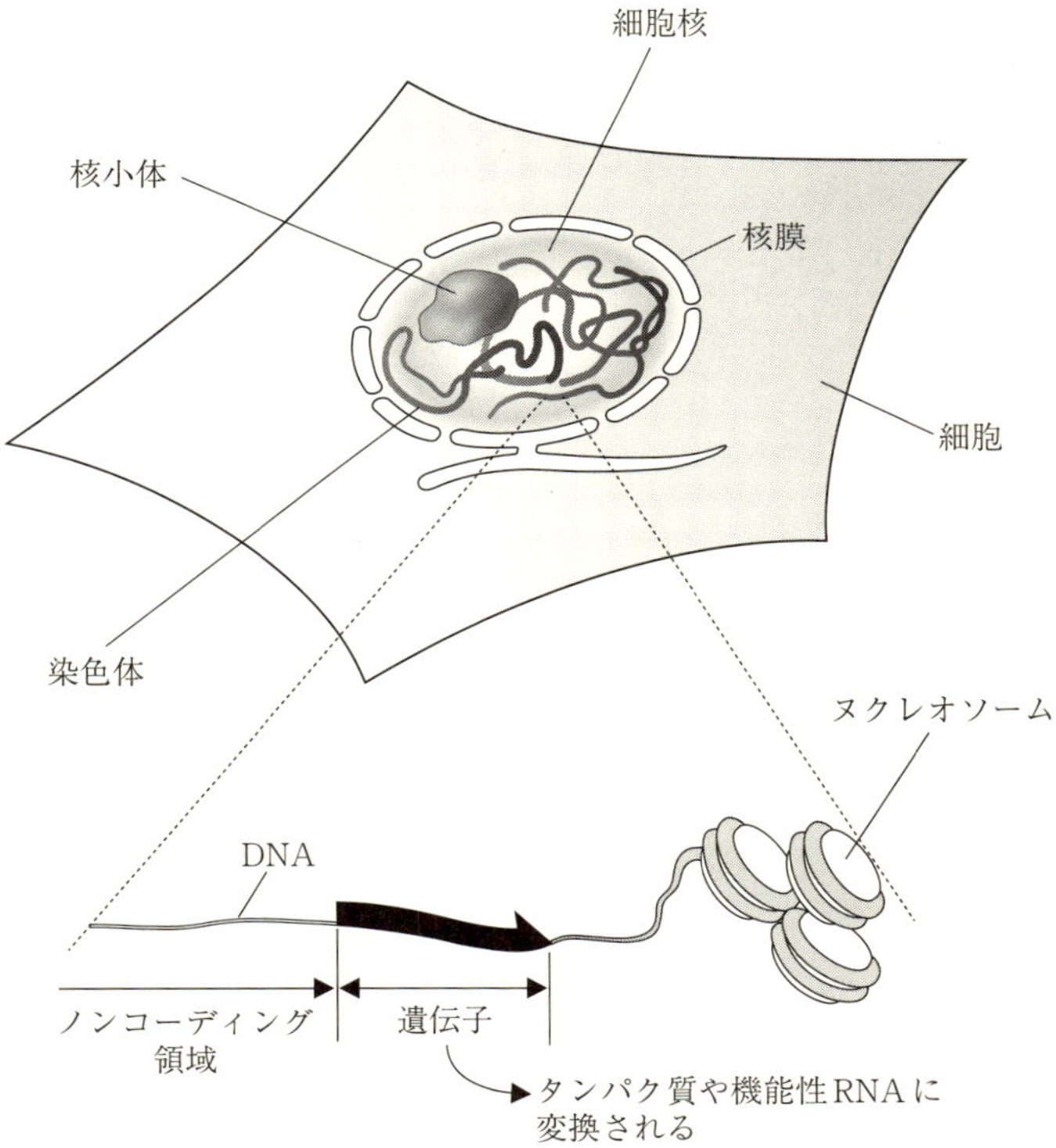

図1-2　細胞、細胞核、染色体、DNAと遺伝子

というものだと考えてもらってよい（図1－2）。

「遺伝子」はどうやって発見されたのか。よく知られているように、オーストリア・ブリュンの修道院で、グレゴール・ヨハン・メンデルがエンドウ豆の交配の実験から、理論的にその存在を見出した。メンデルは当時観察結果の記述が中心であった生物学において、統計学・数学を持ち込んで遺伝の法則性を見出したのである。そのため、一八六五年に発表されたメンデルの論文を理解できた学者は多くなかった。この内容の本質が広く理解されるには、三五年後の一九〇〇年にユーゴー・ド・フリース、カール・エーリヒ・コレンス、エーリヒ・フォン・チェルマクの再発見を待たねばならなかったのである（ここでは、本書を読み進めていくうえで最低限必要なことのみを記す。さらに詳細な経緯が知りたければ、拙著『自己変革するDNA』〔みすず書房〕などに詳しく記されているので、参照してほしい）。

「遺伝子」はひとことでいうと、「親から子に特定の形質が継承されるとき、その形質を親から子へ伝える因子のこと」である。メンデルのころには、DNAなどの遺伝情報物質はまったく知られていなかったので、あくまでも概念上の因子として抽象的に想定されたものである。

その後、この遺伝子が線上に並んでいることをトーマス・ハント・モルガンのグループが見出した。ヒトなどの細胞の中ではDNAは、いくつかに分断された「染色体 chromosome」という線状の構造物に格納されている（図1－2）。言い換えると生命情報は、何本かの巻物という分冊に分かれて収納されているのである（それぞれの巻物には「第一番」「第二番」……と番号がつけられている。ヒトの染色体は四六本、それが二本で一対となり二三対ある。この対ごとに番号がふられている）。この分冊が

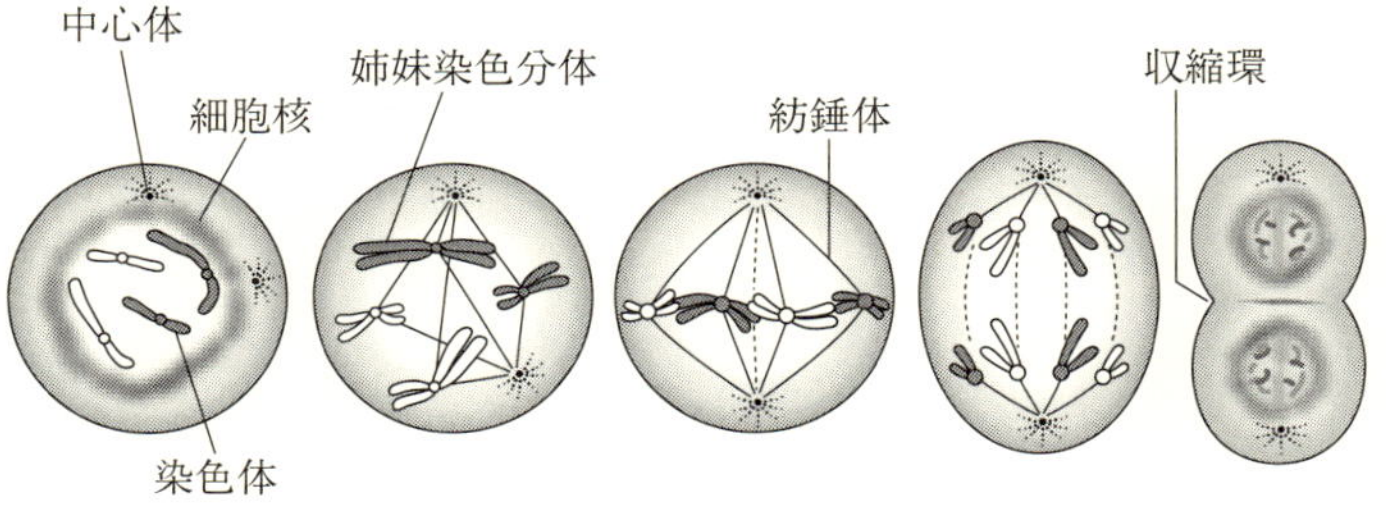

図1-3　細胞分裂（動物細胞の例）

染色体というわけである。なお、「染色体」と呼ばれているのは、細胞をある種の染色液で処理するとよく染まり、顕微鏡で観察できる構造であるためである。

前述のとおり、細胞は染色体という巻物から状況に応じて必要な文章を選び出して、その指令にしたがった部品（タンパク質やRNAなど）を作りだす。文章は生物種（あるいは個体）によって少しずつ違っているので、できあがる部品に個体差が出てくる。これが個人個人の形質の違いとして表れてくることで、生物の個性が生じるのである。

もう一つだけ知ってほしい基礎知識に「**細胞分裂** cell division」がある（**図1－3**）。前述のとおり人体には三七兆〜六〇兆個もの細胞があるといわれている。これらはもとを正すと、すべて一つの受精卵から出ている。どうやって細胞がこの数まで増えるかというと、細胞が均等に二つに分裂することによっている。これを「細胞分裂」という。このときに細胞核のDNAもいちど二倍に正確に複製され、同じ情報が一セットずつ二つの細胞に受け継がれていく。この細胞分裂はすべての生物に共通であり、「生物」の大きな特徴の一つである。

では、基本的知識のおさらいはこのくらいにして、地球上の生物の歴史について見ていくことにしよう。

多細胞生物の登場

生物が地球上に登場した当初は、一つの細胞だけで生育する生き物、つまり「単細胞生物 unicellular organism」ばかりであった。単細胞の生物はそれぞれ特殊な機能をもつように多様化していったと考えられる。

しかし、細胞が一つだけではどうしても限界がある。ちょうど多数の音楽家から構成されるオーケストラが複雑で高度な楽曲を演奏できるように、生物もいろいろな細胞を組み合わせて複雑な機能をもつようになったと考えられる。また、多くの細胞を組み合わせて個体を作ることができれば、体のサイズを増やすことができる。このようにして誕生してきたのが多細胞生物 multicellular organism である。

現在、最古の多細胞生物の痕跡と考えられているのが、南アフリカで見出された二四億年まえのカビの仲間の化石である。[*4] 現時点でもっとも確からしい最古の生物化石は、東京大学駒場（総合文化研究科）の小宮剛《つよし》らが見出した約四〇億年まえのもの（カナダの北ラブラドールで発見された）とされているもので、[*5] 多細胞生物が生まれるまでに相当の時間がかかったと考えられる。

この一六億年もの間に何が起こったのかはまだよくわかっていない。しかしながら現在生存している種の中にも、単細胞生物と多細胞生物の中間のような性質を示すものが知られている。池の水を採集して顕微鏡で観察すると、透明な球形で中に緑の玉がたくさん詰まったような形をした生物が見つけられる。これをボルボックスという。

このボルボックスは単細胞生物のクラミドモナス（緑色で光合成をおこない、鞭毛《べんもう》が生えている微生物で、ボルボックスの親戚）に似た細胞が集合してできた多細胞生物の一種である。ボルボックスの仲間には、構成する細胞数の違いがあり、なかでもシアワセモ（テトラバエナ）は構成する細胞がもっとも少なく、たった四つの細胞が集まってできている。シアワセモの四つの細胞は、おたがいに連絡橋のような構造でつながっていることが、東京大学の野崎久義《ひさよし》と当時大学院生だった新垣《あらかき》陽子によって明らかにされた。

野崎らは国立遺伝学研究所やアリゾナ大学、カンザス州立大学との共同研究で、単細胞のクラミドモナスと、多細胞を作っているボルボックスのゲノムＤＮＡを比較し（「ゲノム」については次章で詳しく述べる）、細胞分裂を制御するある種の二つの遺伝子に違いがあることをつきとめた。[*6] 多細胞型の二つの遺伝子をクラミドモナスに導入すると、細胞同士が集合して多細胞のボルボックスに似た形状になった。つまり、単細胞生物の遺伝子が変化して、多細胞化が進行した可能性が示唆されたのである。同じようなことが地球の生命史の中で起きたのであろう。

多細胞化が進むために重要な要因であるといわれているものに、細胞と細胞をくっつける細胞外の足場のようなはたらきをもつタンパク質、コラーゲンの誕生が挙げられる。細胞と細胞を接着するタンパク質には植物、動物それぞれいろいろな種類があるが、コラーゲンは動物の組織を作る結合組織の主要成分である。コラーゲン入りの食品を食べると肌の美容にいいといわれるのは、コラーゲンが皮膚を構成する主要な成分であるからである（なお、実際にはコラーゲンを食べると胃の中で分解され、アミノ酸となって体に吸収されるので、肌に摂取したコラーゲンが届けられるような効果はほとんどない。コラーゲンが結合組織として機能するには、ビタミンCのはたらきで作りだされる特別なアミノ酸が必要なので、むしろビタミンCを摂取したほうが効果はある）。

このコラーゲンというタンパク質は、自分自身で手と手をつなぎ、長い繊維状の重合体を作る。この重合体がさらに束ねられて細胞外に土台を作り、細胞同士を結びつけるのである。細胞をレンガにたとえると、コラーゲンはレンガとレンガを結びつけるセメントのようなはたらきをもっているのである。このようなタンパク質の登場により、さまざまな形態をもつ多細胞生物が登場する素地が生まれたと考えられる。

生命多様化のエンジン——減数分裂と遺伝的組換え

かなり古い多細胞生物と考えられていたバンギオモルファ *Bangiomorpha* の化石[*7]を見ると（図1－4）、先端部分に「胞子 spore」らしきものが存在する。「胞子」というのはパンやビールを作る際に用いる酵母や、カビやキノコが子孫を残すために作る特殊な細胞（「配偶子 gamete」という）である。胞子はたいへん耐久性が強く、乾燥や栄養飢餓などの外部環境の変化に対して長期間もちこたえることができる。もちろん人間にも胞子に相当する二種類の配偶子がある。精子と卵である。しかし、これらは胞子のように耐久性は高くない。

生物には、バクテリアのように細胞内にＤＮＡを格納する細胞核構造をもたない「**原核生物**

prokaryote」や、ヒトや酵母のように細胞核をもつ「**真核生物** eukaryote」がある。多くの真核生物は、父親と母親に由来するDNAをそれぞれ一セット、合計二セットもっている（このような状態を二倍体という）。いっぽう真核生物の配偶子は、（体などを構成する）通常の細胞の半分の一セットしかDNAをもっていない。これを「一倍体」という。

なぜ配偶子はDNAを一セットしかもっていないのだろうかというと、配偶子ができるときの細胞分裂に秘密がある。我々の体にある普通の細胞は、分裂まえにDNAセットが二倍に複製され、これが一セットずつ均等に二つの細胞（娘細胞《じょうさいぼう》という）に分配される。したがって、娘細胞はいずれも二倍体のままだ。

いっぽう、配偶子ができる際には「**減数分裂** meiosis」という特殊な分裂がおこなわれる（**図1－5**）。この分裂に先立って両親由来のDNAはやはり二倍に組数を増やす（合計四組になる）。その後、両親のDNAを切りつないで新しい組み合わせのDNAを生み出す。このDNAは複製をはさまないで二回連続した細胞分裂によって四つの配偶子細胞に分配されるため、四組→

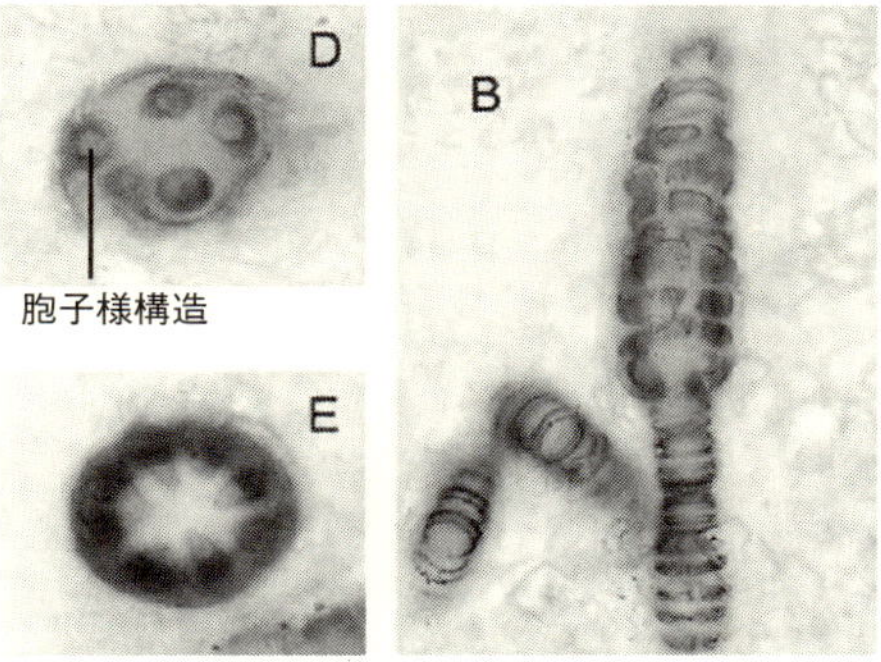

図1-4　古代の多細胞生物バンギオモルファの化石　胞子のような構造が見られる　Nicholas J. Butterfield, *Bangiomorpha pubescens* n. gen., n. sp.: implications for the evolution of sex, multicellularity, and the Mesoproterozoic/Neoproterozoic radiation of eukaryotes. *Paleobiology,* 26(3): 386-404, 2000.

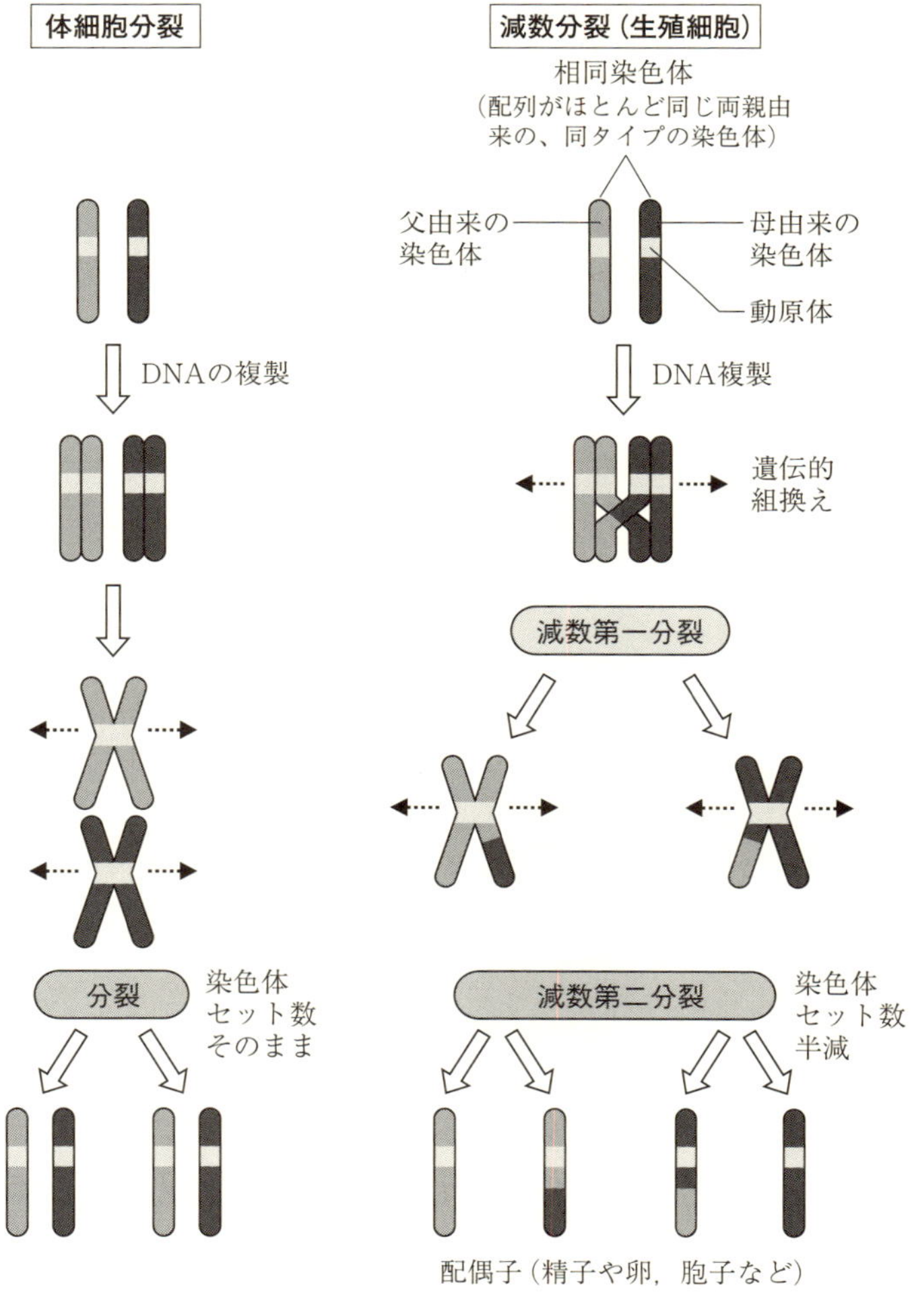

図1-5　体細胞分裂と減数分裂の違い

二組↓一組とDNAの組数が半減していき、最後は一組の配偶子ができるという次第である。

この過程はたいへん複雑な工程を多く含んでいて、なかなか理解するのが難しいので、ここではあくまで概略のみ記す。減数分裂の過程でもかなり重要な工程があり、それは両親由来のゲノムDNAのつなぎ合わせである「**遺伝的組換え** genetic recombination」という現象である。

遺伝的組換えは父親と母親から受け継いだ同じタイプの染色体（たとえば第三番染色体同士）がペアを作り、たがいによく似たDNA上の文字列の間で、切断とつなぎ替えが起こる現象である。自分自身のDNAを切ってしまうのであるから、生物にとっては非常に「危険な賭け」であるわけだが、ほとんどの生物でこのリスクのある工程をおこなう。

減数分裂期の遺伝的組換えの意義としては、遺伝子部分の文字列に生じた有害な書き換え（変異）の除去、外部から染色体に侵入してきた侵略性のDNA（HIV等《など》のレトロ・ウイルスという仲間は自らの遺伝情報を宿主の染色体に組み込んで潜伏する）の排除、子孫の遺伝情報の多様化などが考えられている。

つまり、生殖細胞は余分な機能を切り捨てた、多様な生命情報の継承に特化した細胞であるといえる。これを企業でたとえると、たいへんな不況期に工場や店舗は極限まで縮小し、企業の知財やノウハウなどの情報だけを存続させて生き延びようとする究極的状況である。ここで強調すべきポイントは、このような状況でも必ず生命多元性が最優先で維持されている点であり、安易な「選択と集中」という過程ではない点である。

男と女の存在理由《レゾンデートル》

多細胞生物の登場と「**有性生殖** sexual reproduction」の登場には、密接な関連があると考えられる。有性生殖というのは、つまるところ、雄と雌が交配して遺伝子を混ぜ合わせてから次の子孫に渡す「性」の仕組みである。

多少の例外はあるものの、細胞に核をもつ真核生物は、この複雑な有性生殖を共通に保持している。そして、有性生殖をする生物はほとんどのケースで減数分裂の際に遺伝的組換えをおこなう（ショウジョウバエの雄などのように遺伝的組換えをしない例外もある）。遺伝的組換えを実行する因子の機能を変異により失わせると、その生物は精子や卵を正常に作ることができなくなり、子孫が残せない。つまり、減数分裂時の遺伝的組換えを経ないと、子孫が残せないようになっているわけで、「有性生殖」と「遺伝的組換え」が不可分な関係にあることがわかる。

さて、男女が出会って結婚し、子をもうけるまでのいろいろな出来事を考えるとわかるが、有性生殖はたいへんコストがかかる。具体的には、有性生殖では親となる二つの個体が必要である。子がたくさん生まれてくれればよいが、人間のように生殖時に基本的に一人しか子が生まれないと、いちどだけ生殖に成功した場合、子孫の数は親世代に比べて半減してしまう。最近日本などでは一人っ子が多くなっているが、これでは人口がどんどん減っていってしまうのである。

進化理論で有名な英国のジョン・メイナード＝スミスによれば、個体が自らのコピーを生み出すタイプの増殖方法（「無性／**クローン生殖** asexual/clonal reproduction」という）である「単為生殖 parthenogenesis」では、子孫を生み出す効率は前述の有性生殖の二倍になるという。

したがって、もし生物が効率性至上主義の企業よろしく「リストラクチャリング」するのであれば、真っ先に有性生殖を廃止し、「無性／クローン生殖」に切り替えるのがよいということになる。ところが、地球上の多くの生物が、自然選択的に考えるとこの相当に不利と思われる「性の仕組み」を維持し続けている。

現在に至るまでも、「性の存在理由」は正直なところはっきりとわかっていない。おそらくは、性の仕組みあるいは性と不可分な遺伝的組換えが生物に多様性をもたらし、生物が持続的に存続していくのにかなり重要な役割を果たすからではないか。

生物はいつ多様性を獲得したか

生物は現在のような多様性をいつ獲得したのであろうか。現在から六億〜五億年まえの先カンブリア時代最末期には、非常に多様な形態をもつ一群の生物が存在した。

オーストラリアのエディアカラ丘陵で発見された化石群は、葉っぱのように扁平《へんぺい》な生きものであるディッキンソニア、イソギンチャクのようなメドゥーシニテスのような奇妙奇天烈《きてれつ》な多細胞生物が多数存在していることを示した（図1－6）。どれもいまの生物から見ると珍妙な形であり（もっとも向こうから我々を見ればもっと奇妙に見えるだろうが）、まったく違う惑星の生物にも見える。このような生物たちは「**エディアカラ生物群 Ediacara biota**」と呼ばれている。

エディアカラ生物群は、「**全球凍結**」（スノーボール・アース Snowball earth ともいわれる）と呼ばれる地球全体が凍結していた時代が終了したときに、顕著な気温上昇に伴って登場してきたとされてい

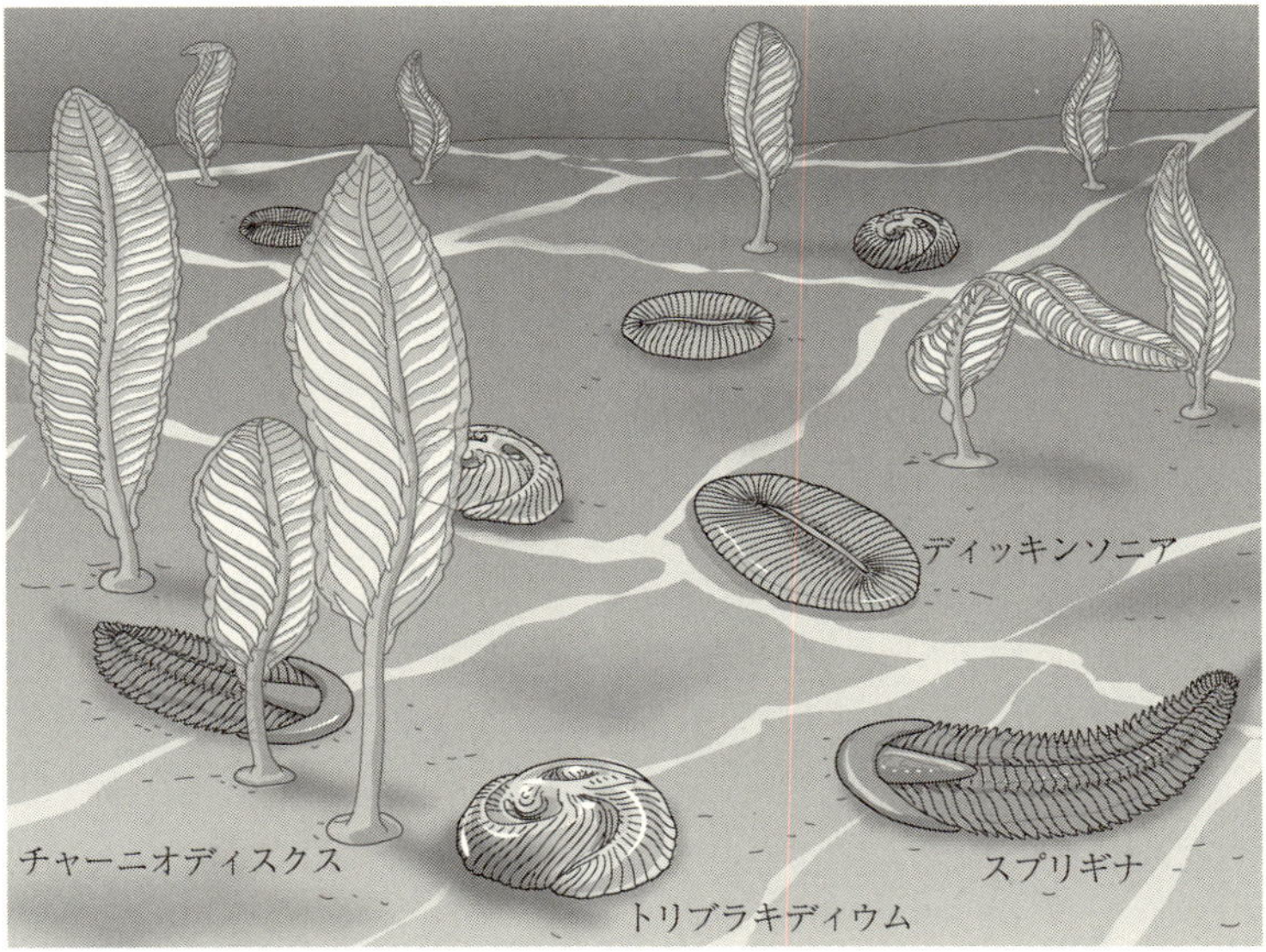

図1-6　エディアカラ生物群

る。[*8]

全球凍結は赤道付近を含めて全地球が氷床で覆われている状態である。少なくともおよそ二三億〜二二億年まえ、七・五億〜六億年まえの二回ほど、この現象があったとされている。

その原因はまだ完全にわかっていないが、何らかの大気組成の変化や地殻活動により、地表や海面が氷床に覆われはじめたのではないかと説明されている。いちど反射効率の高い白色で地球が覆われると、熱放射により気温が低下するという悪循環が起こり、全球凍結が長い期間維持されたのだろう。しかし、火山活動などをきっかけとして大気組成に変化が生じ、気温が上昇を始め、全球凍結から脱却できるようになった。

全球凍結時には、少なくとも地表面・

海面はすべて氷雪なので、生物の生存可能な領域は、火山の噴火口近くなど、非常に限定的であったと考えられる。当時は水棲の生物が主流であり、海表面などの全域凍結は生命にとって致命的な影響をもたらしたため、多数の生物種が絶滅したとされている。

全球凍結が解除されると、生物は、まさに地獄のどん底の状態から、九死に一生を得るような感じで復活してきたと考えられる。このような時期に、生き残った生物が、絶滅した生物が占めていた地位（「**生態的位置**」という。英語では niche ニッチ＝すきま）を獲得し、新たな種の拡大が始まった。

つまり、大規模な地球環境の変化が新しい種の発展を促し、エディアカラ生物群の多様性を生み出したと考えられる。しかしながら、エディアカラ生物群は、次のカンブリア紀のまえに絶滅してしまう。カンブリア紀には生物の多様性が爆発的に増大したが、エディアカラ生物群がこれらの生物との生存競争に敗れて絶滅したのか、ほかの要因で絶滅したのかは定かではない。

ダートマス大学のケビン・ピーターソンらの分子生物学的推定によると、多細胞生物の遺伝的多様性は、もっとも古い多細胞生物の化石やエディアカラ生物群に先行して増大していたらしい。[*9] したがって、後述するカンブリア紀の生物の多様性の増大は、遺伝情報レベルでは、エディアカラ生物群が隆盛を謳歌《おうか》する以前から起こっていたようである。

カンブリア爆発

実際に動物の多様化が化石として確認されるのは、カンブリア紀に入ってからである。このころに起こった爆発的な生物種の増大は、「**カンブリア爆発** Cambrian explosion」と呼ばれていて、生物多

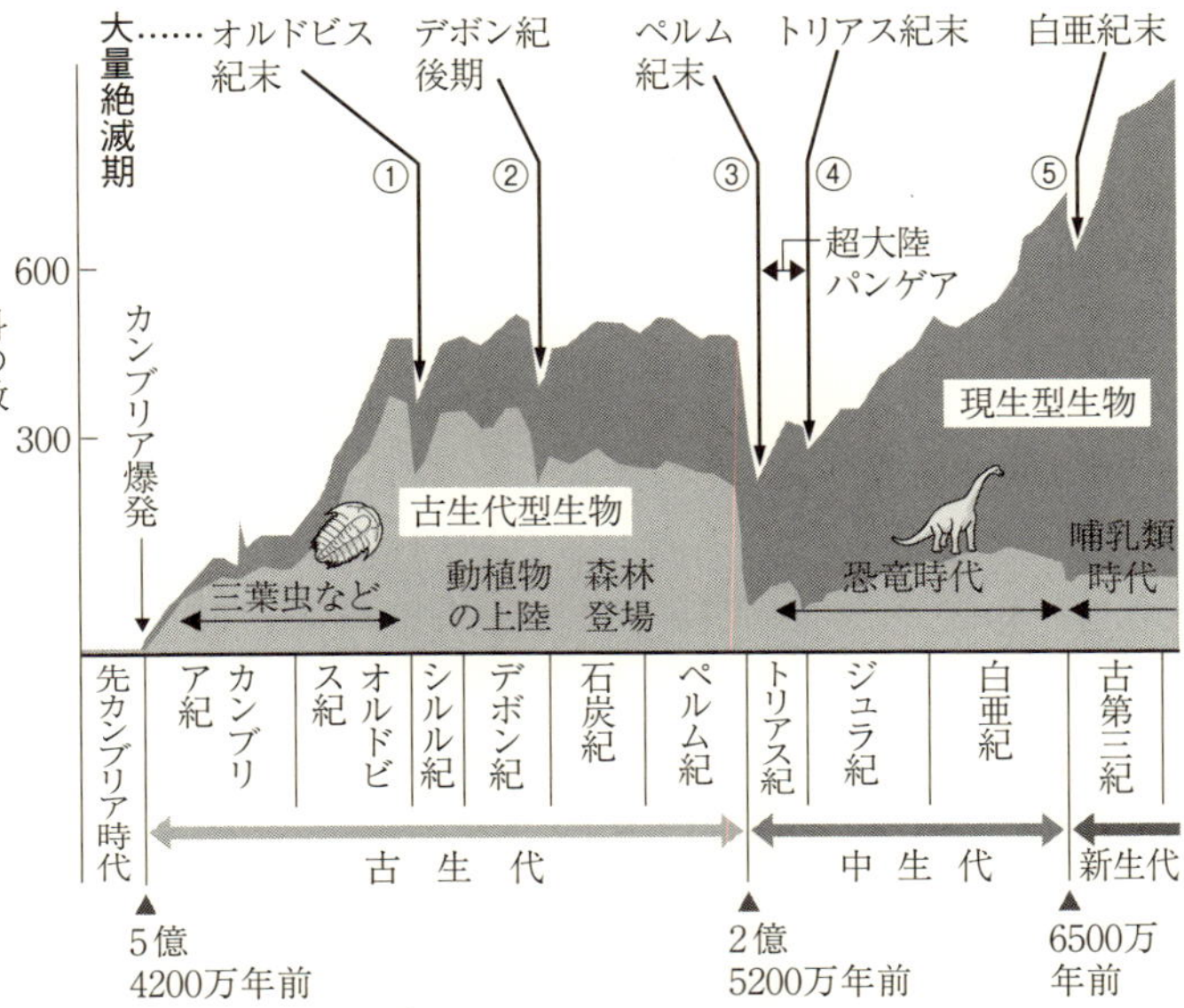

図1-7　地球上の海生動物の科数変動　*The Evolution of Complex and Higher Organisms,* D. Milne, D. Raup, J. Billingham, K. Niklaus, and K. Padian等から作成

様性という観点において、地球生物史上、最大の事件であった（図1-7）。「爆発」というと、瞬間的に起きた事件に見えるが、化石記録を調べると、実際には一〇〇〇万年間種の増大が継続していたことがわかっている。

カンブリア爆発の特殊性については、もうずいぶんと古典的な本になってしまったが、スティーヴン・ジェイ・グールドの『ワンダフル・ライフ』（渡辺《わたなべ》政隆訳、早川書房）の議論も取り上げておきたい。同書で彼は、「この時代には生物が遺伝的な可能性を最大限に発揮し、偶然に多様性を爆発させ、その後多様性が縮小していき今日に至った」と説明し、大きな反響をもたらした。

この著書で取り上げられたカンブリア紀の多様な生物は、中国の澄江《チェンジャン》動物群や、チャールズ・ウォルコットによってカナダ・ロッキーのバージェス頁岩《けつがん》で見出された**バージェス動物群** Burgess fauna に代表される。澄江動物群やバージェス動物群には、有名な捕食性大型動物であるアノマロカリス[*10]など、複雑に分化した器官を有する動物が多数見られる。

しかしながら、今日ではグールドの考えはほとんどの研究者から支持されていない。多様化は（いま現在においても）継続して起こっていると考えられている。あらかじめ準備されていたカンブリア紀生物の遺伝的な多様性が、何らかの理由によりエディアカラ生物群の登場に後れて本領を加速的に発揮し、そのあとに時間をかけてバージェス動物群などの生物種に大規模な入れ替わりをもたらしたのではないかと考えられる。[*11]また、その後も継続的に多様化と入れ替わりが続いているものと考えられる。

基本デザイン＝「体軸」がはじめにできた

では、カンブリア爆発のきっかけとなった重要なイベントとは、何なのであろうか。ここで注目されるのが、「体軸 body axis」である。

生物の体の基本構造、基本デザインのことを「ボディ・プラン」と呼ぶが、多くの多細胞生物の場合、ボディ・プランの中核を担うのが「体軸」である。この体軸に沿って、さまざまなボディ・パーツが形づくられていく。

カンブリア爆発期に先立って体軸という基本構造が確立し、その後に、付随する細部のボディ・パーツの多様化が時間をかけて起こったのではないかと考えられる。

実際、生命の遺伝的多様性が増大した「先カンブリア紀後期」のころに、現在の生物のすべての基本的なボディ・プランが出そろったとされている。この基本形ができあがったことで、付随する細かいデザインの多様化が可能になってきた。たとえば、椅子の基本形は「お尻を乗せる板に脚などの土台がついている構造」であるが、このような基本的デザインがまず確立し、その後背もたれや肘掛けの多様化や装飾の追加などで、さまざまな椅子のバリエーションができたことに似ている。

自動車なども、「車台（プラットフォーム）」という基本骨格が決まると、その周辺のデザインや椅子の配置などを換えることで、さまざまなタイプの車を作りだすことが可能になる。たとえば、フォルクスワーゲンの「ビートル」のプラットフォームは、系列会社のアウディでは「TT」というまったく見た目の異なる車種に用いられている。

生物の世界では、カンブリア爆発後に新しい生物の基本形は登場していないとされているので、生物の基本プラットフォームのデザインはこの限られた時期に集中的に完成し、その後は細部の多様化が進んだのであろう。

Ｈｏｘ遺伝子群の確立

生物の体軸の構築はどのようにおこなわれているのであろうか。ここで一つ取っつきにくい専門用語を説明しなければならない。それは、「Ｈｏｘ遺伝子群 *Hox gene family*」というおたがいによく似た遺伝子の集まりである。

遺伝子の多くは、DNAの中で離れた場所に記述されていることが多い。ところがHox遺伝子群は、親戚同士の遺伝子がちょうど「アパートの部屋」のように近場に並んで存在している（図1－8）。それぞれのHox遺伝子[*12]は体軸のどこに手や足を作るかを指定するなど、生物の形づくりに重要なはたらきをする。

Hox遺伝子の存在する「アパート」では、先頭の部屋に頭や脳を作る遺伝子が入っていて、中央部分の部屋には胴や手を作る遺伝子、後端の部屋に脚や尾を作る遺伝子が入っている。つまり、頭からしっぽの順に遺伝子がDNA上に並んでいるのである（Hox遺伝子の「共線性」または「コリニアリティー collinearity」と呼ばれる）。

このようなHox遺伝子の並びが、先カンブリア後期ごろにおおむね定まったと考えられる。つまり、体軸というプラットフォームの成立という進化史上の大きな出来事は、DNAという分子の観点で見るとHox遺伝子群の成立と言い換えることができる。

Hox遺伝子群は、どのようにして生まれてきたのであろうか。一般によく似た遺伝子の仲間ができる際には、DNA複製や組換えによってオリジナルの遺伝子のコピー（子孫）が増大したと考えられている。コピーができた当初は同じ配列であったものが、徐々にそれぞれの配列に変異が入って、別の機能をもつように変化する。このような過程を経て、似てはいるものの機能が異なる遺伝子が一つながりに並ぶことになったのだろう。

Hox遺伝子群は一見すると前後の軸がないような、ウニ（★印と同じ五放射相称になっている）などにも存在する。実はウニでは、本来体前部を規定する一～三番目のHox遺伝子が、染色体の後方

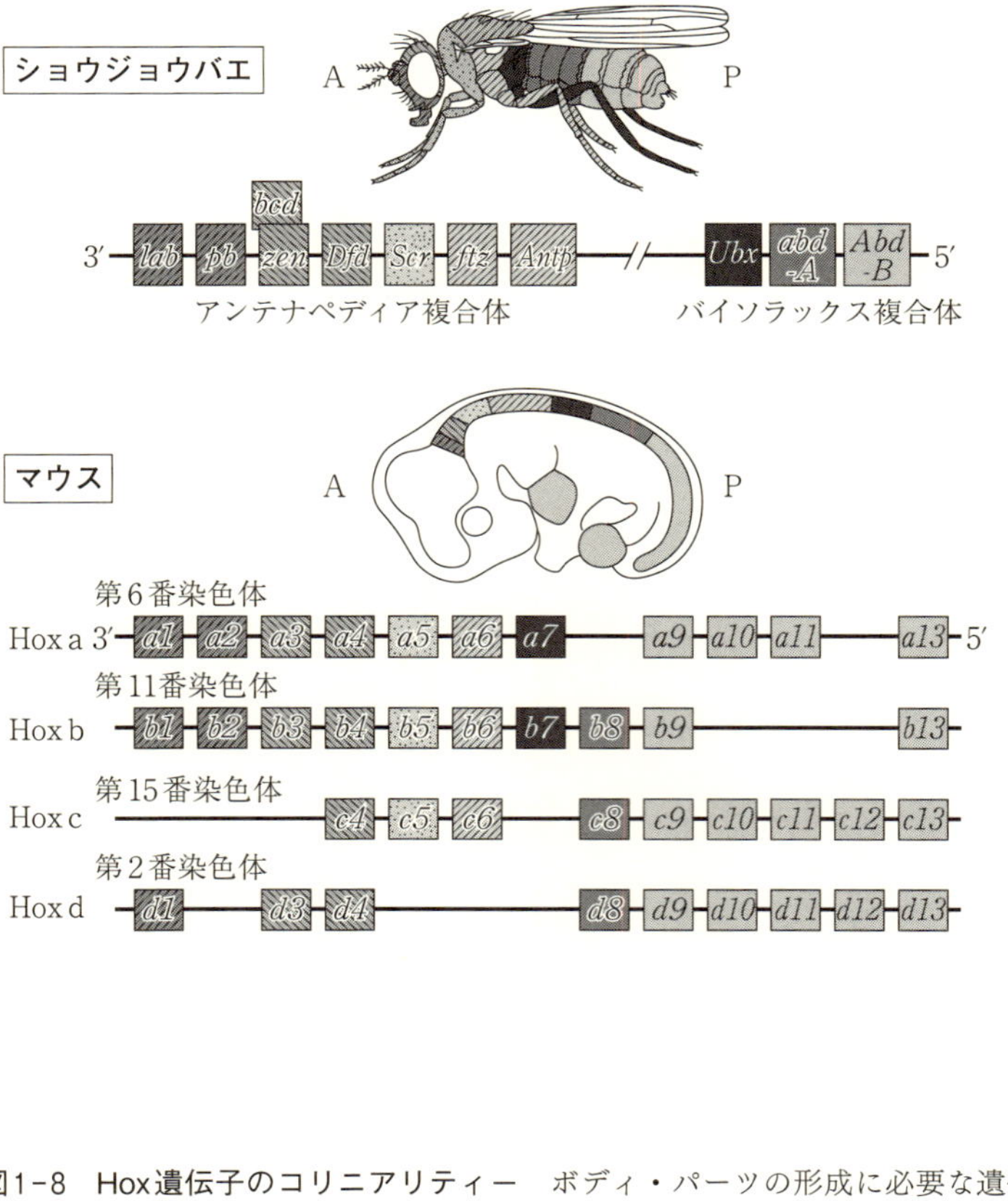

図1-8　Hox遺伝子のコリニアリティー　ボディ・パーツの形成に必要な遺伝子が、頭部から尾部の順番に、染色体DNA上に並んでいる。Mark M., Rijli FM. and Chambon P., Homeobox Genes in Embryogenesis and Pathogenesis. *Pediatric Research* 42, 421-429, 1997を基に作成

に転座していることが明らかになっている。[*13] つまりウニでは、体の前方を規定する部分が消失した結果、前後がはっきりしない星形の形態が獲得されたと考えられる。ウニやヒトデは棘皮動物《きょくひどうぶつ》というグループに属しているが、その仲間のナマコでは前後の区別がはっきりしており、Ｈｏｘ遺伝子の「共線性」（アパートのような並び構造）が維持されている。[*14]

さて、このような体軸のパターンが出そろったのが、先に述べたとおり、先カンブリア後期ということになる。どうしてこの時期にＨｏｘ遺伝子群の基本的な並び方が出そろったかは大きな謎である。

おそらくこの時期に、何らかのＤＮＡの並び替え（再編成）を誘発する地球的な現象、たとえば大規模な気候変動や宇宙や地殻からの放射線の増大などの、シビアな環境ストレスが生物に加わったのではないか。その結果、細胞内のＤＮＡに多数切断が入り、それが修復され、つなぎ替えられたときに、Ｈｏｘ遺伝子の長屋構造ができあがったのかもしれない。[*15]

いずれにせよ、Ｈｏｘ遺伝子群の確立により生物は「体軸」という生物デザインの屋台骨・プラットフォームを獲得するに至った。これにより、生物の著しい多様化の大きな一歩が踏み出されたことになる。

骨格の登場と生物の多様化

「体軸」の次にボディ・パーツの多様化で重要なはたらきをしたのが「骨格 skeleton」である。カンブリア紀の生物多様性爆発の第一の原因は、前述のＨｏｘ遺伝子などのＤＮＡレベルの多様化であるが、それに引き続く細部の多様化には「骨格の形成」が必須であった。

実際、カンブリア爆発の起こるまえに、海洋生物の主要な種が骨格を獲得したとされている。この時代の骨格の登場により、生物は重力に抗する体軀《たいく》をもつことになり、陸上への進出が可能になったとする考えである。

この考えは植物においても重要で、根や茎などの陸上生活への適応に欠かせない器官の獲得により、水棲植物が重力に抗して陸上へと生息域を広げていくことが可能になったと考えられている。

ひとたび生物が体の基本形を確立し、骨格も獲得すると、あとはさらに細かい部分での多様化が加速度的に進んだ。オルドビス紀～シルル紀～デボン紀にかけて、植物の陸棲《りくせい》化に加えて、節足動物など一部の動物も陸上に進出を果たし、これを境に生物の多様化が加速した（図1－7）。

デボン紀に魚類から四肢動物が登場し、陸上脊椎動物の基本骨格ができあがった。石炭紀になると森林が生じ（現在のそれとは若干様相が異なるが）、その空中を飛翔《ひしょう》する大型のトンボのような昆虫も登場した。さらには、陸上を主たる生活場とする四肢動物・両生類が出現し、これが爬虫類《はちゅうるい》に発展、次いで恐竜や哺乳類が登場した。

このようにカンブリア紀を境に獲得した「骨格」の発達により、生物はさらに階層的に多元性を増していった。これにより、生物は陸上に生活圏を拡大していき、さらなる生物種の増大をもたらしたと考えられる。

赤の女王仮説

これらの多様な生物が登場した背景には、生物種間の生き残りをかけた「軍拡競争」という生物間の相互作用が重要であった。

この「軍拡競争による進化」という仮説は、米国の進化学者リー・ヴァン・ヴェイレンが唱えたもので、俗に「**赤の女王仮説 Red Queen's Hypothesis**」と呼ばれる。[*16]

動物同士が食う・食われる、あるいは生存場所の争奪をおこなう際に、自らの形態や行動パターンを積極的に変化させ、相対的優位を獲得しようとしたことが、進化を加速したというものである。

なお「赤の女王」とは、ルイス・キャロルの『鏡の国のアリス』（『不思議の国のアリス』の続編）における赤の女王の台詞《せりふ》、「同じ場所に留まりたければ、全力で走り続けなさい」に由来している。鏡の国でアリスが走っても、走る方向に周囲が動いてしまっているため、アリスが見たまわりの景色は変化しない。かといってその場に留まっていると、動きに流されて景色が逆向きに動いてしまう。ちょうどランニングマシン（トレッドミル）の上で走っているかのように、「同じ位置に留まるにも全力で走り続ける必要がある」ということである。これを生物学に置き換えると、生き残るためには変化し続けることが重要ということである。

この考えについては、企業活動を例にとって考えると、わかりやすいかもしれない。たとえば、ある企業Aが新製品を発売すると、ライバル企業Bがそれを上回る機能をもつ新製品を世に出し、企業Aが再度生き残りをかけてさらに性能のよい新製品を発売する。これに対し企業Bはさらなる性能向上で対抗する、などという事例が考えられる。もしくは、コンピューターのオペレーション・ソフトのあるバージョンが登場すると、その脆弱性《ぜいじゃく》をついて攻撃するウイルスソフトが登場するが、今度はウイルスの攻撃を無効化するアップデートが登場し、さらにそれに対抗するウイルスが登場するなどである。

よく「勝利の方程式」や「必勝パターン」などをもったものが強者《つわもの》であるといわれる。しかし、これはあくまでも短期的な視点での場合である。本当に生き残れる中長期的な勝者は、一定の必勝パターンにけっして拘泥《こうでい》しない。絶えず自己変革を繰り返しているのである。

格闘ゲームで世界一となったプロ・ゲーマー梅原大吾《だいご》は、勝ち続けるためには既存の勝ちパターンに頼らず、絶えず新しい戦い方を模索して開発していく必要があると語っている（『勝負論――ウメハラの流儀』梅原大吾、小学館）。サッカー日本代表の元監督・岡田武史《たけし》や、将棋の永世七冠である羽生《はぶ》善治も、勝負の世界でもリスクをとらずに現在の勝ちパターンから動かずにいると、ちょっとずつ確実に弱くなっていくと述べている（『勝負哲学』岡田武史・羽生善治、サンマーク出版）。

生物も、生き残るためには絶えず全力で変化していく必要がある。外部からの「見た目」はあまり変化していないように見えて、実は生物は絶えず変革の努力をおこなっているのである。

「眼」をもつ生物の登場

カンブリア紀の生物多様化における軍拡競争は、どのようにして起こったのだろうか。この問いに対して、英国の動物学者アンドリュー・パーカーは『眼の誕生――カンブリア紀大進化の謎を解く』（渡辺政隆・今西康子訳、草思社）において、捕食者が「眼 eye」を獲得したことが重要であると説いた。

捕食者が眼をもつことで容易に被食者を捕食できるようになると、被食者は絶滅の危機に瀕《ひん》する。そのため被食者は、生き残りをかけて形態を変化させ、環境と同一化させて見えにくくしたり、逃げまわるための運動性を向上させたり、場合によっては毒を作ったりし、さらには被食者自身も眼や触角のような感覚器を発達させたのではないかというのだ。

要するに「眼」が登場したことで、「食う食われる」という相互関係が生じ、それに付随した新たなリスクが発生した。このリスクへの対応のために、生物同士のネットワークがより複雑化あるいは高度化され、生命の多様化が加速したと考えたのである。

以上をまとめると、先カンブリア～カンブリア紀における生物多様化の要因として、①多細胞化、②有性生殖と遺伝的組換えの獲得、③Ｈｏｘ遺伝子群など体軸遺伝子の確立、④地球大の大規模環境変動、⑤骨格の獲得、⑥眼・感覚器の獲得や軍拡競争などの生物間ネットワークの高度化、などが考えられる。これらのうち、③や⑤、⑥は過去の一時期に起こった跳躍的な出来事であるが、それら以外については現在も進行中である。

大量絶滅と生物の多様性

ここまで生物の多様性の歴史を俯瞰してきた。しかし、その道のりは平坦《へいたん》なものではなく、重大な危機がたびたび起こった。「**大量絶滅** mass extinction」である。

大量絶滅は、単純に考えれば、生物の多様性が低下する現象であり、多様性にとっての脅威である。しかし、いっぽうでは、大量絶滅を生き延びた生物がその後の生物の多様性の新しい方向を導く。つまり、大量絶滅というのは生物多様性にとって「諸刃《もろは》の剣」のようなもので、ヒンズー教の神シヴァのように「破壊と創造」の両面性をもっていると捉えることができる。大量絶滅がなければ、世界が劇的に変わることはない。環境変化による大量絶滅があるがゆえに、これまでにない新しい生物が活躍できる場が生まれるのである。まさに「ピンチはチャンス」というわけである。

一般的に、生物の大量絶滅期は五回あったとされている。[*17] 四億四〇〇〇万年まえのオルドビス紀末期、三億七〇〇〇万年まえのデボン紀末期、二億五〇〇〇万年まえのペルム紀（二畳紀）末期、二億年まえのトリアス紀（三畳紀）末期、六五五〇万年まえの白亜紀末期である（図1－7）。

このうち、もっとも有名な大量絶滅はペルム紀末期に起こった。ペルム紀と三畳紀の境界（「P－T境界」という）で起こった大量絶滅は地球史上最大で、当時の生物の大半（種レベルで八〇%、属レベルで六〇%）が絶滅したと推定されている。期間的には五〇万年ほどという地球の歴史から見るときわめて短い期間に、絶滅が集中したと推定されている。この時期には、地球上で繁栄をきわめた三葉虫や放散虫などを含む大量の生物種が絶滅した。五種に一種ほどしか生き残れなかったわけであり、相当苛烈な環境変化がこの時期に起こったと推定される。

ペルム紀末大量絶滅の原因

ペルム紀末に、なぜこのような大量絶滅が地球規模で起こったのか。現在有力な説としては、巨大大陸「パンゲア Pangaea」の登場（図1－7）や、海洋中の溶存酸素濃度の激減（スーパーアノキシア superanoxia と呼ばれる酸素欠乏状態）[*18]が挙げられる。

パンゲアというのは単一の巨大な大陸で、それまでいくつかあった大陸が融合してできたものである。この融合により、海岸線が減って沿岸に棲息《せいそく》していた海洋生物が生存しにくくなったり、生物相が混合して多様性が失われたりしたのではないかと考えられている。だが、大陸移動のような変化はたいへん緩慢に進行するので、ある時期に集中的に生物が絶滅したことを説明しにくい。

P－T境界の時期に相当する地層（たとえば中国煤山《ばいざん》などに見られる）の化石調査をおこなうと、ペルム紀層の最上部の石灰岩層では海中に豊富な酸素が存在したと思われる生物痕跡が多く見られる。ところがそのすぐ上の層（新しい時代ほど上層地層になるので、すなわち三畳紀の最初期に相当）は、粘土岩層になっており、化石類はきわめて少なくなる。つまりこの地層が形成される時期に、大量の種が絶滅したと考えられる。

この絶滅期の地層に特徴的なのは「黄鉄鉱 pyrite」が多く見られることである。黄鉄鉱は硫黄と鉄が結びついたもので、酸素が少ない状況で育つバクテリアが有機物を分解する際に作りだす。このバクテリアは分解のときに酸素を消費して硫化物を生むが、硫化物はよどんだ排水溝で腐った卵のようなにおいがする。つまり、ペルム紀末期の海は、詰まった排水溝のような酸欠状態になっていたと考えられる。

どうしてこのような地球規模の酸欠状態が生じたのであろうか。一つの仮説は、当時シベリアで起きた大規模な火山噴火である。この火山噴火は、ペルム紀末期にシベリアで起こったとされている（シベリアトラップ Siberian traps）[*19]。

この噴火の規模は我々の知る火山噴火のレベルを遥かに超えたもので、その規模の大きさから「洪水玄武岩」と呼ばれているものである。シベリアトラップでは、二〇〇万平方キロメートルという日本の国土の五倍以上の面積を、玄武岩の溶岩が厚さ数百〜数千メートルも覆うほどであった。

このような火山からの放出物により、植物の枯死、温暖化や酸性雨などが起こったのだろう。また、これがきっかけとなり、海底で氷に閉ざされていたメタンハイドレート（水和物）からメタンガスが大気中に大量に放出され、さらなる温暖化が進行した（温暖化の暴走）と考えられている。この説は、大気中と海洋中の酸素不足が進行したこととの十分な説明になっている。

巨大隕石《いんせき》の衝突（白亜紀末の大量絶滅はこれが原因とされている）などを想定する別の仮説もあるが、炭素や酸素の同位体（同一の元素ながら質量数が異なる）を用いた解析の結果からも、大規模噴火説がもっとも妥当だと思われている。

恐竜の時代

ペルム紀に生物種の大量絶滅が起こったあと、陸上に生まれた新たなニッチ（生態的地位）に活路を見出したのが「恐竜」である。

ペルム紀にはディキノドンやキノドンなどの哺乳類に歯の形がよく似た「哺乳類型爬虫類」や「両生類」が登場していたが、ペルム紀の大量絶滅ではリストロサウルスなどのごく一部が生き延びることができた。リストロサウルスは穴を掘る能力や、多様な植物を食べる能力があったようであり、これらの特質により、ペルム紀末の過酷な大量絶滅期を生きながらえたと考えられる。

大量絶滅後に生き残った生物種は、もはやライバルのいない状態となったため、急速に地球上に拡散した。いわゆる「残存者利益」というものである。前述のリストロサウルスは急速に生息域を拡大したため、その化石は三畳紀前半時代の示準化石（地層形成時期の目印となる化石）となっている。

いっぽうで、生物種全般の多様性が回復するまでにはかなりの時間を要し、五〇〇〇万年ほどかかった。いまから二億二〇〇〇万〜二億三〇〇〇万年まえのペルム紀後のトリアス紀後半には、獣脚類・鳥盤類・竜脚形類などの多様な恐竜が登場し、陸上から空・水中で、文字どおり繁栄を謳歌することになった。また、針葉樹や現在見慣れた爬虫類の多く、さらには哺乳類も登場してきた。

白亜紀に入ると海洋生物の多様化や、花を咲かせる植物である「被子植物」も登場することになった。被子植物は「**重複受精** double fertilization」という独自で有利な生殖方法により、急速に地球上に拡散した。

重複受精とは何か。まず、花粉に由来する二個の精細胞 sperm cell が別々に卵細胞 egg cell の核と中央細胞の極核 polar nucleus と合一する。そのそれぞれが子孫個体になる「胚《はい》 embryo」と、その初期発生の栄養を供給する「胚乳《はいにゅう》 endosperm」の二つが同時に作りだされる。この仕組みが重複受精である（図1-9）。

それまでの植物では、胚の受精と栄養細胞の形成は独立していた。この旧来型のシステムは、受精しないときでも多大なコストを払って栄養細胞を作ってしまうことになり、たいへん非効率的であった。ところが重複受精の登場により、胚が受精したときだけ栄養を胚に注ぎ込《つこ》めばよいようになり、無駄の少ない優れたシステムになった。そのため、被子植物は生存にたいへん有利な立場を得たのである。

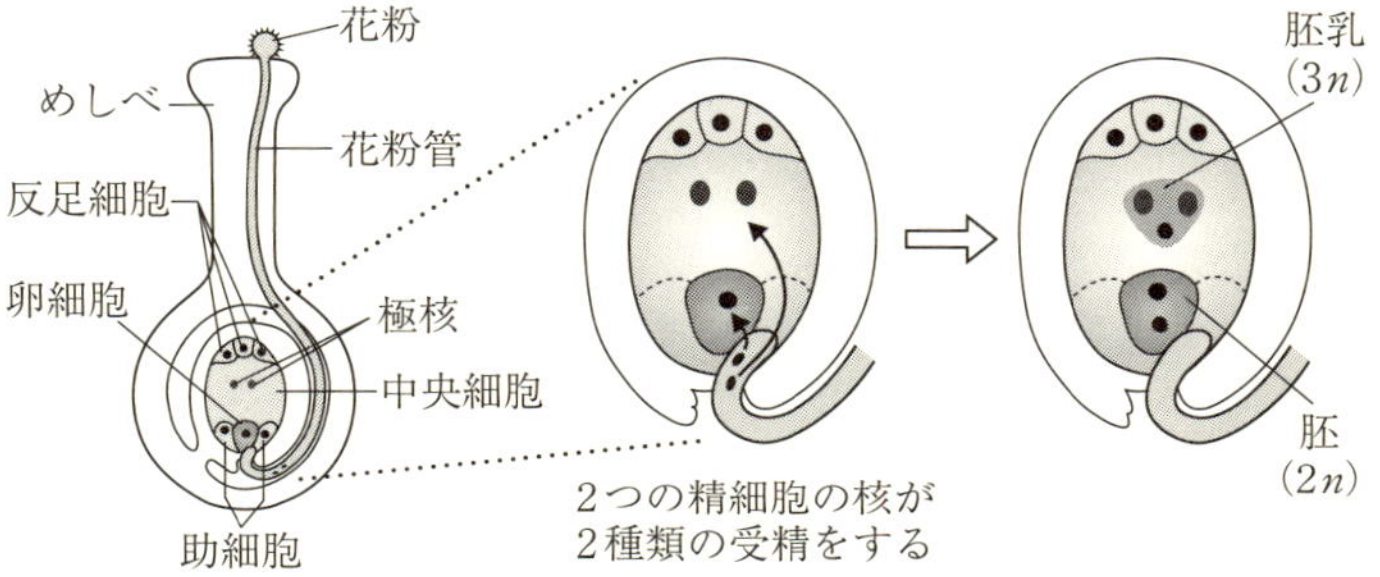

図1-9　重複受精　胚の形成と栄養細胞の形成に必要な２種類の受精を同時におこなうことで、無駄のない生殖が可能になった

以上のように、大量絶滅のような大事件が起こることは、生物にとって悪いことばかりではない。その大事件を契機に、新たな生物種が拡大するチャンスが生まれてくるのである。

似たようなことは経済の世界でもいえるかもしれない。深刻な金融危機のような事件は、それまで主流でなかった企業にとっては市場参入・拡大（ゲームチェンジング）の大きなチャンスとなる。そのようなチャンスをうまく捉え、新しい企業と古い企業が入れ替わっていくことで、結果的に経済が新陳代謝し、活発に回っていくこともあるだろう。

大量絶滅と復元力（レジリエンス）

ペルム紀末期の大絶滅の果実を得た恐竜であったが、その後白亜紀末にほとんどが絶滅した（なお、現存の鳥類は八〇〇〇万年をかけて恐竜が進化したもので、いまなお「恐竜」は存続すると主張する恐竜ファンもいる）。

この白亜紀末の大量絶滅事件は、生物学で「**K－Pg大量絶滅** Cretaceous/Kreide-Paleogene mass extinction」と呼ばれる

事象で、五回の大絶滅の最後に起きた事件である。白亜紀の大量絶滅は、ユカタン半島やインド沖にほとんど小惑星のレベルといってもよい巨大隕石が落ちたことや、インドのデカン高原を造った大規模な噴火活動（あるいはその両者）が原因とされている。

筆者が高校三年生のころ（一九八〇年）に米国の「サイエンス *Science*」誌で、白亜紀と新生代第三紀の地層の間（「K－Pg境界」という）に、巨大隕石衝突の痕跡と考えられるイリジウムという元素を検出したことを米国のルイ・アルヴァレスが報告した。[*20]

イリジウムは地球の一般的な地層ではきわめてまれであり、隕石には多く含まれる。世界各地のK－Pg境界には広くイリジウムが検出されたため、この時代に地球全体に影響を及ぼすような巨大隕石の落下が起こり、これが原因で気候変動が生じて、大量絶滅が起きたと考えたのである。

検出されたイリジウムの量から、直径一〇キロメートルにも及ぶ巨大隕石が落ちたと推定された。放出されたエネルギーは、研究者の推定によると広島型原子爆弾一〇億個相当という途方もないもので、生じた津波の高さは約三〇〇メートルにもなったと考えられている。これではそこら辺で棲息していた生物はひとたまりもない。

ただ、どこに隕石が落ちたのかは謎であったため、地質学者から批判を受けた。その後、一九九一年にユカタン半島北部に直径一七〇キロメートルにも及ぶ地磁気の異常を示す地域の存在が明らかになった。[*21]

この領域には、岩石が高温で融解されたことを示すテクタイトと呼ばれるものが多く存在することもあり、K－Pg大量絶滅の巨大隕石が六五〇〇万年まえにこの場所に衝突したことが強く示唆された。この箇所には、直径で二〇〇キロメートルの「チクシュルーブ・クレーター Chicxulub crater」と呼ばれるクレーターが存在し、その深度は二〇キロメートルほどで、一部はマントルに到達していた可能性が指摘されている。

もう一つの可能性として近年提唱されているのが、インドのムンバイ近くの海底で見つかった「シヴァ・クレーター Shiva crater」である。[*22] チクシュルーブ・クレーターができた三〇万年後に、直径四〇キロメートルもある小惑星級の隕石が衝突してできたとされているもので、直径は五〇〇キロメートルもある。現在知られている中でも最大級のクレーターである。

この衝突のインパクトはすさまじく、地殻を破壊し、地球内部のマントルに影響を与えたと考えられる。隕石の衝突でその周辺の生物が死に絶えただけではなく、地球上すべての生物に致命的な影響が及んだ。大量の粉塵《ふんじん》が大気に放出され、これが太陽光線を遮蔽して地球が急速に寒冷化した。この寒冷化はかなり長期に及んだと考えられている。

また、衝突が与えたマントルへの影響により火山活動が活発化し、現在起こっている噴火とは桁違いのスケールの大規模な噴火や溶岩噴出が起こった。たとえば、現在のインド・デカン高原に存在する「デカン・トラップ Deccan traps」という超大規模な（五〇万平方キロメートルで厚さ二・四キロメートル、富士山一〇〇個分の体積に相当すると試算される）玄武岩溶岩層を造ったとされる火山活動である。[*23]

デカン・トラップは、基本的にはインド半島（インド亜大陸）が地殻移動によりユーラシア大陸にめり込んでいく過程で起こったのであろうが、シヴァ隕石の衝突も何らかの役割を果したのではないかと考えられている。

このようにK－Pg境界の時代には、二回の巨大隕石の衝突と常識外れのスケールの火山活動が、地球の時間スケールから見るとほぼ同じ時期に起こっていたわけである。

これにより光合成に依存する植物などが大打撃を受け、またそれら光合成生物に依存していた生物も絶滅に瀕した。これに加え、衝突の際に三酸化硫黄が放出され、これが原因で酸性雨が降り、海洋の酸性化が進んだとされる。

まさに踏んだり蹴ったりのこのような過酷な環境変化により、恐竜などの大型の爬虫類や、アンモナイトなどの多くの海洋性中型生物が死に絶えた。アンモナイトはそれ以前の大量絶滅期をなんとかしのいで生き続けていたが、K－Pg大量絶滅のあまりの過酷さが止めを刺した格好だ。

しかし、それでも鳥類や哺乳類はしぶとくもこの危機を乗り越え、大量絶滅後に生まれた新たなニッチに生息域を拡大していくことになる。このように、生命という存在は実にしぶとく、逆境から力強く立ち上がる「復元力（レジリエンス）」をもっているのである。

「第六の大量絶滅期」現在進行中

そのしぶとい生命を、今度こそは絶滅に追いやろうとしている危機が、現在進行中であると考える学者もいる。彼らによると、なんと、現在は第六の大量絶滅期にあるというのだ。その危機の原因は隕石の衝突や火山活動などの天変地異ではなく、「人間の活動」である。

二〇〇四年の英国における生態調査では、この四〇年間に鳥類で五四％、植物で二八％の種数の減少が認められた。[*24] この速度は、あくまでも限定的な地域で測定されたものではあるが、過去六〇〇〇万年間の種の減少速度に比べると三桁から四桁速く、過去の大量絶滅期のそれを上回る。実際にはこの速度で地球全体の種の数が減っているわけでないことに注意すべきであるが、もしこのペースで種数が減少し続けると仮定すると、二〇五〇年までに約一一〇〇種の英国の生物種のうち、六分の一〜三分の一が絶滅する可能性がある。

考えてみると、地球上の生物にとって人類ほど厄介な存在はない。二〇一五年の「サイエンス」誌で、カナダの研究者クリス・ダリモントらが、地球上の捕食者のパターンを分析したところ、人類はもっとも生産的な大型の個体を捕食する傾向があり、生態系に多大な影響をもたらす可能性があることを指摘している。[*25]

さらに、現生人類は道具などを用いて積極的に自然環境や動植物の生態に介入してきた。それだけでなく、作物の育種などで長い時間をかけて、生物のあり方に干渉し続けている。このような現象を動物の場合「**家畜化**」、植物の場合「**栽培化**」という（英語ではどちらもdomestication）。一般に家畜化により、個々の生物種の形態や性質が大きく変化する。たとえば、動物の場合、肥満、長寿化、顔の短縮、性格の穏健化や体色の白化（豚やニワトリの例）、白斑（ホルスタインなど）などの出現などが挙げられる。現生人類そのものも「自己家畜化 self-domestication」しているのではないか、という説すら提唱されている。

植物ではトウモロコシの事例がある。南米に見られるトウモロコシの原種であるテオシントという植物は、包葉が小さくてわずかな実を付けてもすぐにこぼれ落ちてしまうため、効率的に収穫するのに適していない。これを何度も交配を繰り返すことで遺伝的組換えを利用し（当然、当時の人間はそんなことをしていたなど知る由もないのであるが）、およそ九〇〇〇年まえごろにはトウモロコシの原種ができあがった。現在のトウモロコシであるが、実の部分がまるごと包葉にくるまれており、実が自然に地面に落下しにくい構造になっているので、人間の手を借りないと効率的に増殖できないようになっている。つまり、自然界ではあり得ない形状に変化してしまっているのである。

これらの自然界への介入により、人類に都合がよいか（犬や猫、農作物など）、あるいは人類に寄生的な生物種（ゴキブリやカラス、各種病原微生物など）が生態的に有利なポジションを獲得し、地球上で繁栄することになった。生物の家畜化・栽培化は、同時に既存の生物種の生態系を圧迫し、生物種全体で見ると破壊的影響を及ぼすことになる。

このように、地球上の多くの生物を絶滅の危機に追いやっている人類であるが、興味深いことに人類自身もいちど絶滅の危機に瀕したようである。最近の遺伝的な解析から明らかになったのであるが、現生人類は地球上の生物の中でも、遺伝的多様性に極端に乏しい種であるらしい。

ミトコンドリアという細胞内のエネルギー・物質工場の役割を果たす小さな器官があるが、これにはDNAが含まれる（「ミトコンドリアDNA」）。ミトコンドリアDNAは、母方からしか子孫に伝わらない。そのため、このDNAの変化を分析すると、人類の祖先を遺伝的にたどることが可能になる。現生人類の祖先は約一六万年まえにアフリカにいた「ミトコンドリア・イヴ」という単一の母親であるとされている（瀬名秀明《ひであき》によるSF小説『パラサイト・イヴ』で一般にも知られるようになった）。その後、約六万年まえに世界にその子孫が拡散していった。

ヒトDNAを詳しく調べていくと、一三万五〇〇〇年まえと九万年まえごろに、危機的な飢饉《ききん》が生じたか、何かの絶滅的事件が起こったことにより、現生人類の祖先はなんと数千人程度まで減ってしまったと推定されている。現生人類には白人・黒人・黄色人種などがいると認識している人がいるが、これはすべて「ホモ・サピエンス」でまったく同じ種である。ほかの生物種に比べると、種内での遺伝的多様性はきわめて低い。その原因が、このときの絶滅の危機にあると考えられている。

このように、「多様性に乏しい単一の生物種」が地球上で極端に幅をきかせていて、ほかの生物種を絶滅に追いやっているのであるから、地球上の生命はかつてないほどの危機に直面していると言うこともできるわけである。

ボトルネック効果と創始者効果

大量絶滅時には生物種が著しく急速に減少する。その後、生物の多様性は数千万年という長い時間をかけて、ゆっくりと回復していく。大量絶滅期に見られるような劇的な生物種の減少は、その後に「ボトルネック効果 bottleneck effect」という影響をもたらす。これは、後述する「遺伝子の多様性」に関係する効果であるが、ある生物種の個体数が激減することにより、遺伝子のプール（ある生物種に含まれるさまざまな遺伝子バリエーションの集合）の多様性が減ってしまうことが原因で起こる。

ボトルネック効果が発生する状況では、数少ない親の集団から遺伝子が子孫に継承されるため、多様性が低い偏った遺伝子プールをもつ子孫集団が生じることになる。先ほど述べたヒトの遺伝的多様性が低いのも、このボトルネック効果が原因の一つである。

これとよく似た遺伝的な効果に「**創始者効果** founder effect」(ボトルネック効果とほぼ同義に用いるケースもある)がある。これは、一握りの個体が地理的に隔離された結果として遺伝子プール内の多様性が限定され、バイアスのかかった遺伝子組成をもつ子孫集団が生まれることである。ヒトの遺伝病などでこのような現象がよく見られる。たとえば、「テイ・サックス病」(神経細胞に脂肪がたまって起こる神経性疾患の一種)などの遺伝病が、アシュケナージ・ユダヤ人(ドイツやロシア、東欧に分布するユダヤ人)に多く見られる。宗教的な理由により限られた範囲で婚姻を結ぶことが多くなったため、創始者効果が生じたことが原因である。

ボトルネック効果にしても、創始者効果にしても、これらの遺伝的な変化は、結果として特定の生物集団の遺伝情報に偏りを生み出す。この偏りがある限界点を超えると、偏りが生じなかったもともとの生物種集団の個体との間で、生殖が不可能になる。

以前述べたとおり、有性生殖と減数分裂は不可分な存在である。減数分裂の際に、両親由来の同じタイプの染色体(**相同染色体**という)をペアリングすることが重要であり、これがうまく機能しないと(例外はあるものの)生物は子孫を残すことができない。したがって、遺伝情報の隔たりが極端に大きくなると、相同染色体のペアリングがうまくいかず、結果的に有性生殖が損なわれると考えられるのである。

このように大きな遺伝的変異を獲得した個体群は、ある段階でもとの個体群とは生殖可能性が失われ、別の「種 species」に分かれていく。これを「**種分化** speciation」という。

なお、生物学的な「種」というものの定義であるが、「交配可能な個体の集合体、つまり交配によって子孫形成・増殖が可能な生物集団」である。したがって、交配して子が生まれても、その子がさらに次の世代に子孫を継承できない状況（たとえば、ライオンとヒョウを掛け合わせて生まれる「レオポン」など）では、その両親個体は別の種であったと定義される。

大量絶滅や、生息域の隔離のような、生物集団の遺伝的変化を偏らせる状況は、短期的には遺伝子の多様性を失わせる方向にはたらくが、新たな遺伝子の偏りを生み出し、長期的には種分化を誘発するなどにより、生物種の多様性を生じる要因となるのである。

本章では、地球生命の歴史をたどりながら、生物がどのように多様化してきたかについて俯瞰してみた。生物の多様化には、多細胞化、有性生殖と遺伝的組換えの獲得、Ｈｏｘ遺伝子群など体軸遺伝子の確立、骨格の登場、眼・感覚器の獲得と軍拡競争が重要な役割を果たす。また、実際に生物が多様化するきっかけを与えるものとして、地球大の大規模環境変動や、大量絶滅が大切なはたらきをすることも学んだ。よく、「ピンチはチャンス」といわれるが、地球の生命多様化の歴史にもこの教訓が当てはまるのである。

第二章

DNAから考える

——変える部分、変えない部分

生命は、多元性と変化する能力で地球環境の激動を乗り越え、さらにはより強靱《きょうじん》な存在となるよう進化してきた。このように、ダイナミックに変化する多元性は、生命にとってきわめて重要な意味をもつ。

本章では、もっとミクロな視点から生命多元性の起源について眺めてみたい。具体的には、DNAという遺伝情報物質の化学的性質に内在的に備わっている生命多元性の機構について述べる。ミクロなメカニズムの話が中心になるため、どうしても専門用語が多くなってしまうが、なるべく本質的な説明となるように努めるので、おつきあいいただきたい。

DNA——多元性と斉一性の根源

前章ですでに簡単に説明したが、すべての生物は「細胞」という小さな袋が組み合わさってできている。パンやビールを造る酵母や大腸菌などのバクテリアは、単一の細胞からできた生物である。細胞を外から区別しているのは、普通は水も通さない二重の脂肪でできた膜である。この細胞に体全体の構造を作るために必要な情報がすべて入っていることが、生物という存在の特徴であるといえる。

生物は見た目が多様であるが、どれも細胞でできているという点では共通である。その細胞も、細胞種によって多少の違いはあるものの、ほぼ共通の生体物質（すでに簡単に説明したDNAやRNA、タンパク質に加え、脂質や糖質など）によって構成されている。つまり、非常に斉一性の高い物質的基盤をもとに、実に多様な形態や存在様式が生み出されているのである。

近年、ヒト型のロボットがいろいろと開発されているが、ロボットの体を動かす制御情報は、一個ないし数個のコンピューターが集中的に管理している。コストのことを考えると、体の部品すべてに設計図を内蔵しているような過剰装備のロボットは存在しない。

ところが、三七兆〜六〇兆個の細胞からなるといわれている人体は、そのような個別装備がされている。人間に限らず、あらゆる生物の細胞のひとつひとつには、その生物の体全体の設計図・指示書が記されている(赤血球など、例外的に細胞核DNAをもたない細胞も存在する)。このように考えると、我々の体はミクロなコンピューター、もしくは情報維持装置の集合体とも捉えられなくもない。

このように細胞ひとつひとつに含まれる、細胞核DNAに記されたその生物種を形づくる一セットの遺伝情報を「ゲノム genome」という。たとえば、ヒトゲノムというのは「ヒト」を記述するのに必要な一セットの遺伝情報のことを示す。次に、このゲノム情報がどのようにDNAに記されているかについて説明する。

ミーシャーによるDNAの発見

まずDNAについてもう少し詳しくその背景を見ていこう。DNAはデオキシリボ核酸の英語名称 deoxyribonucleic acid の略で、生命情報が記された、幅が五〇万分の一ミリメートルというミクロレベルに細い紐状の化学物質である。

DNAはスイスの孤高の生化学者、フリードリッヒ・ミーシャーによって見出された。DNAにまつわる発見といえば、ワトソン James Watson とクリック Francis Crick という名を思い浮かべる読者が多いかもしれない。だが、彼らの二重らせん構造の発見に八〇年ほど先立つ一八六九年、すでに彼がその存在をつきとめていたのである。

ミーシャーはチュービンゲン大学のフェリックス・ホッペ＝ザイラーの研究室（中世の城の地下にあった）で白血球の研究をおこなっている。包帯に付着した膿《うみ》（白血球が病原体と戦ったあとの死骸の塊）から細胞核を単離し、さらにその中から三％程度のリンを含む物質を単離、それを「ヌクレイン nuclein」と命名し、一八七一年に論文発表した。

発見から論文発表まで二年を要したのは、彼の仕事が指導者のホッペ＝ザイラーから疑いの目で見られていたため、しつこく追試（同じ実験を繰り返して結論を確かめること）を要求されたからである。慧眼《けいがん》なミーシャーは、すべての細胞核がヌクレイン、いまの言葉でいえばＤＮＡを含み、このＤＮＡが遺伝と関係すると推論していた。

こうした研究は生化学と呼ばれる分野である。生化学では、生命現象に関わる物質を生体から純粋な形で分離し、試験管の中でそれらを混合して反応を起こさせ、化学的に解析することが基本になる。したがって、まず雑多な物質の混合物である生物試料から、自分が関心をもった機能をもつ物質をできるだけ無傷な形で取り出し、できるだけ混じりけのない高純度な標品として精製することが何よりも重要な出発点となる。

生物を構成する物質は性質上不安定なものが多いため、低温下で単離・精製をおこなうことが重要になる。したがって、生化学の研究室にはたいてい「コールドルーム（低温室）」という常時四℃程度に保たれた部屋が設置されている。

余談ではあるが、筆者も大学院時代は生化学の研究室に所属していたので、生体物質（多くはタンパク質）を精製するために長時間コールドルームに留まって作業をする必要があった。この作業自体は慣れればなんとかできるようになるが、夏場の暑い時期には外部との寒暖差が激しすぎて著しく体力を消耗する。

あるとき、筆者が所属していた研究室の教員が牛の小腸の膜に存在するタンパク質を精製するとのことで、大学院生が総出で小腸内部のヒダ状の構造（微絨毛《びじゅうもう》という）を掻き取っては集めるという作業を長時間おこなった。がんの原因解明につながる重要な研究ということで、多くの大学院生有志が熱心に取り組んだのであるが、室外との温度差が大きすぎて、筆者は翌日から風邪を引いて熱を出してしまった覚えがある。

なお、この研究は苦心したものの、残念ながらうまくいかなかった。というのも、牛をさばいた食肉市場の担当者が気を遣ってくれたようで、「東大の先生が来て小腸をもっていくらしいので、腸の中をきれいに高圧水で洗っておいた」のだとか。そのおかげで、大事な微絨毛が見事に吹き飛んでしまったというオチである。

ミーシャーも実験で苦労をした。ヌクレインを単離する際に低温下で実験する必要があったため、厳冬期に窓を開け放って実験を繰り返していたのだ。彼はチュービンゲン大学からバーゼルの研究室に戻ったが、大学はなぜか彼に専用実験室を用意しなかった。教育や雑務などの仕事も増え、研究の時間も減った（これはどこかの国の大学も、いまもまったく同じような状況なのであるが）。

チュービンゲン大学でミーシャーは、包帯についた膿ではなく、近くを流れるライン川を秋冬に遡るサケの精子を研究材料にした。彼はサケを入手するとその精子を集めて実験をしたが、常温では精子が悪くなってしまう。ミーシャーはそのため、冬に窓を開け放って気温をコールドルーム並みに下げなければならなかったのだ。

このような環境で実験を繰り返していたためか、彼は結核を患うことになった。悲運のDNA発見者はその栄誉を称《たた》えられることなく、五一歳で世を去ったのである。

DNAの基本単位――ヌクレオチド

DNAはすでに述べたとおり紐状の化学物質である。生命情報はこの紐状化学物質に直線的な文字列として記述されている。詳細は多くの優れた解説書があるので省略するが、本書の議論に必要な範囲に限って、DNAの物質的特徴を簡単に記す。

ミーシャーが見出したヌクレイン＝DNAは「**核酸** nucleic acid」というリン酸と糖を含む化学物質の一種である。リン酸というのは園芸をやっている人はわかると思うが、植物の生長に必須な成分である。生物全般にとっても必須な成分だ。

核酸は、リン酸 phosphate とリボース ribose、**塩基** base という三つの要素から構成されている「**ヌクレオチド** nucleotide」という基本単位物質が長く連結した紐状の物質の総称である（図2－1）。リボースというのは五角形をした糖の一種で、塩基は何種類かあるもので後述するDNA二重らせん構造の形成に重要なはたらきをする部分と思ってもらえればよい。

ヌクレオチドは、五炭糖とリン酸が連続的に結合し紐状につながることができる。五炭糖は水酸基

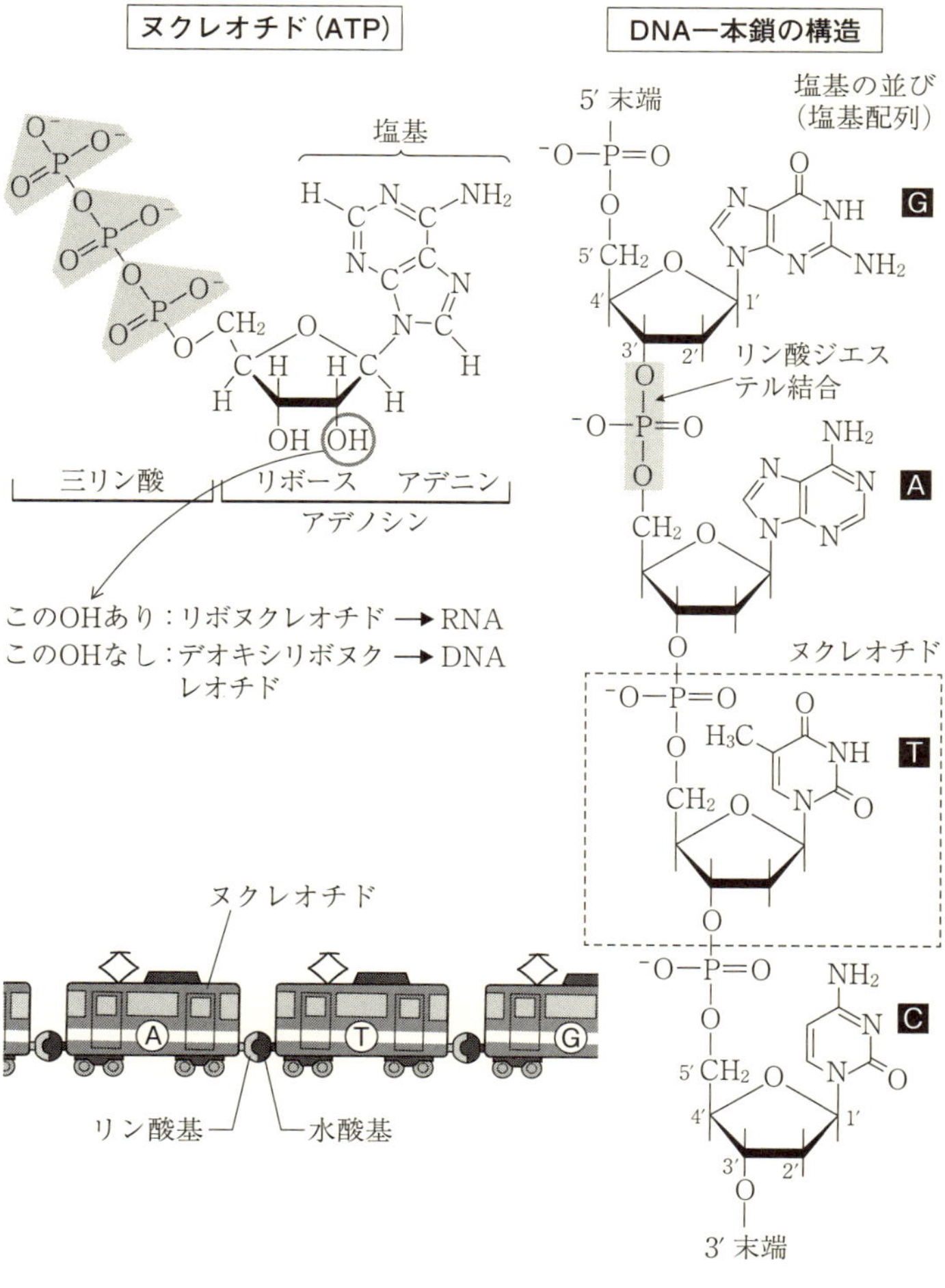

図2-1　DNA・RNAの基本構造とヌクレオチド

という部分を少なくとも二つもち、その水酸基のうち一つ（専門的には3′と呼ばれる部位）でリン酸と結合している（図2－1）。たとえていうと、ヌクレオチドがそれぞれの「車両」で、その連結器役をするのが「リン酸」と「水酸基」になっていて、DNAはひたすら長く連なった「列車」のようなものと考えてもらえばよい。

核酸にはDNAのほかに、RNAも含まれる。DNAとRNAの違いは、五炭糖に水酸基が一つだけついているものだけで構成されているのがDNA、二つついているもので構成されているのがRNAである。

たがいに非常によく似た化学構造であるが、RNAのほうが不安定で分解されやすく、水の中で複雑な立体構造を形成しやすい。また、DNAは後述する「**二重らせん double helix**」構造をとっていて、遺伝情報物質として適した性質をもっている。

二重らせんの秘密

ご存知のとおり、DNAには生命に関する情報が書かれている。そして、その情報は化学物質の並びによって記述されている。いわば「化学の文字」がDNAには書かれているのである。

「文字」という限りはアルファベットのようなものがあるわけであるが、DNAの場合、それはA（アデニン）、T（チミン）、G（グアニン）、C（シトシン）という四種類の「**塩基 base**」である。

DNAを構成するヌクレオチドの要素である五炭糖には、この四種の塩基が構造的に結合している。この四種類がDNAという紐の中でどう並んでいるかが重要で、この並び方（生物学でいうところの「配列 sequence」）に情報が記されていて、生物の設計図として用いられる。

これもよく知られていることだが、ＤＮＡは**二重らせん**というとても美しい構造をとる。二重らせん構造は、ジェームズ・ワトソンとフランシス・クリックが、ロザリンド・フランクリンのX線解析結果やエルヴィン・シャルガフの実験結果などから、論理的考察によって導き出した。一九五三年に「ネイチャー *Nature*」誌に掲載されたたいへん短い論文において、「理論的にあり得る」モデルとして提唱された。驚くべきことに、実際に二重らせん構造が実験的に検証されたのはずっと後のことである。人間の論理的思考に基づく科学的論考の力というのは、実に偉大なものである。

このモデルの最大のポイントは、二本の鎖が逆方向に並び、おたがいの鎖の中央部に塩基が配置し、AとT、GとCがペアを作りつつ、水素結合という弱い相互作用で結合している点である（「ワトソン・クリック塩基対」）。この二本の鎖が少しずつねじれていて、緩やかな螺旋《らせん》階段のようになっている（図2－2）。

ワトソン・クリック塩基対の肝は、片方のＤＮＡ鎖の塩基の並びが決まると、もう片側の塩基の並びも一義的に決まってくることである。二本の鎖が相互に補い合って相互作用するのである。このような性質を相互に補うという意味で「相補性 complementarity」と呼ぶ。

相補性があるおかげで、一方の鎖を鋳型にして新しい鎖を合成すれば、完全なコピーができることになる。つまり、ＤＮＡの構造的特徴によって、「自己複製能」という遺伝物質としての性質が保証されるのである。

なお、ＤＮＡの長さを表す際に「**塩基対** base pair, bp」という単位が用いられる。これは、ＤＮＡ

の基本単位であるヌクレオチドに一つの塩基が含まれているため、それを基準に長さの単位にしているのである。この単位を用いると、ヒトゲノムのサイズは約三〇億塩基対ということになる。三〇億塩基対というのはどのくらいの情報量かというと、『大英百科事典』一八〇冊程度の情報になる。

ヒトの細胞は二倍体といって、基本的に父親と母親由来のゲノムDNAをそれぞれ一セットずつ、

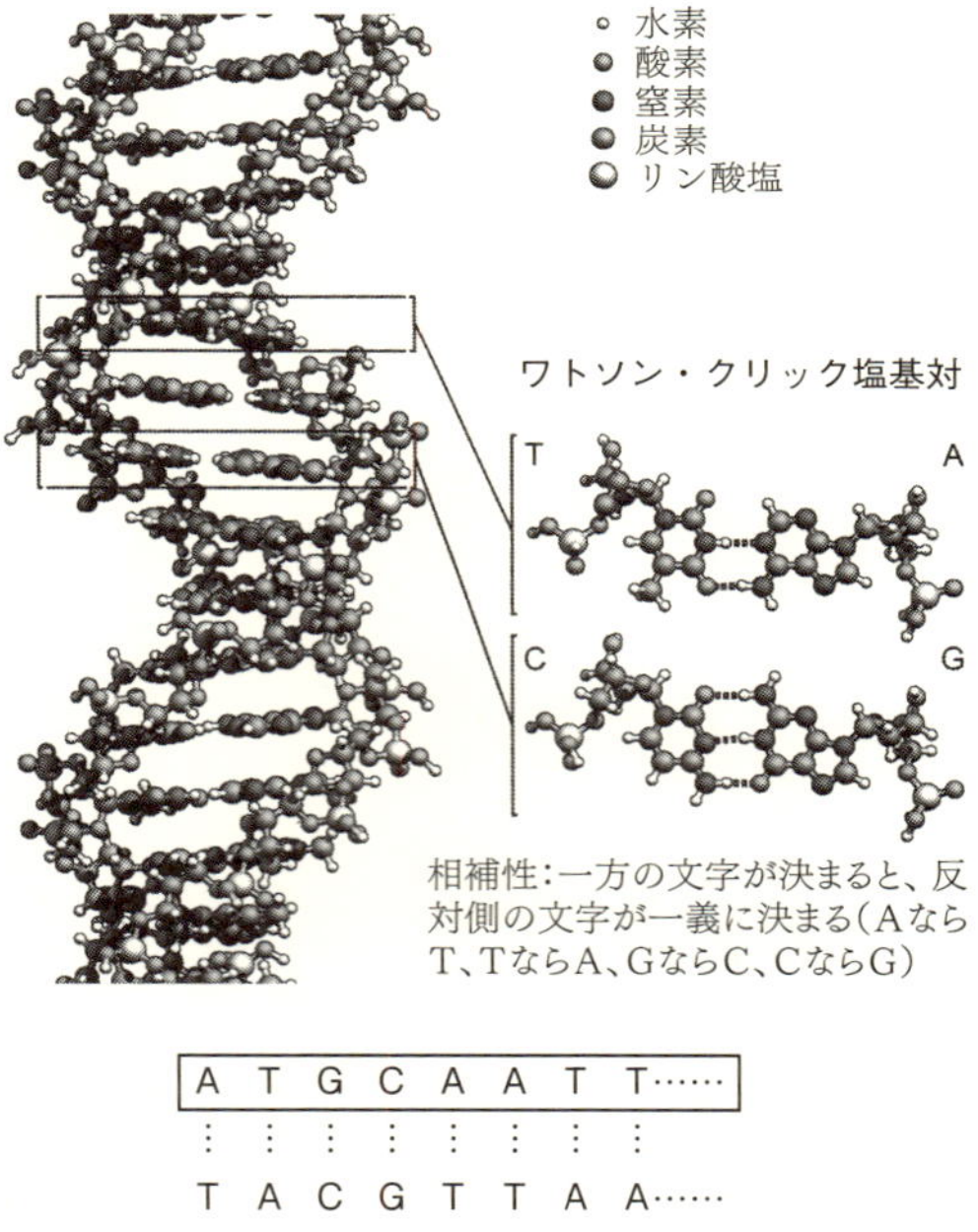

図2-2 DNAの二重らせん構造 Richard Wheeler (Zephyris), http://commons.wikimedia.org/wiki/File:DNA_yapısı.png, CC BY-SA 4.0

ペアとしてもっている。したがって、二倍体ヒト細胞のもつゲノムＤＮＡのサイズは約六〇億塩基対である。人体を構成する六〇兆個の細胞一個一個が、『大英百科事典』五六〇冊（ただしその半分は非常によく似ているが少し異なる記述のセット）ほどの情報を抱えているということになる。

ＤＮＡ情報のデコード

ＤＮＡに記された生命情報は、どのように使われるのであろうか。これは分子生物学の基本的内容であり、教科書のように詳細に書こうとすると第一～第二章の分量となる。それは冗長であるし、他書に優れた解説書も多い。そこで、ポイントだけ簡単に説明することにする。

まず、ＤＮＡに書かれた情報が生命機能を発揮するには、一般的には生物の部品としてはたらく「タンパク質」にその情報を転換する必要がある。しかし、ＤＮＡの情報をいきなりタンパク質に変換することはできない。変換にはいちどＲＮＡ（リボ核酸）というＤＮＡの仲間に置き換える必要がある。ＲＮＡというのは、ＤＮＡと同じ紐状の化学物質であるが、ＤＮＡに比べると物質としてやや不安定である。多くが一本鎖の状態になっているが、一部で折りたたまれて複雑な立体構造をとり得る。

ＤＮＡから変換されるＲＮＡのうち、タンパク質のひな形となるものを**メッセンジャーＲＮＡ messenger RNA, mRNA** という。ｍＲＮＡは必要なときに必要なものだけ合成され、要らなくなると分解される。文書にたとえると、ＤＮＡ上の情報は書物に書かれた静的な情報である。これに対し、ＲＮＡに転換された情報は、書物を読み上げた言葉、話された言葉、ＳＮＳでつぶやかれた言葉などに近い、比較的すぐに消えてしまう存在である。

ｍＲＮＡは必要なときに、必要な遺伝子について、必要な量だけ合成される。このｍＲＮＡの情報が書かれているゲノムＤＮＡの場所が、一般的にいわれるところの「遺伝子」になる（その他に、ｍＲＮＡではなく、ほかの機能性ＲＮＡを記述した遺伝子もある）。

分子生物学では「**遺伝子発現** gene expression」という用語がよく使われるが、巨大なゲノムＤＮＡの中から、細胞がいま現在必要とする遺伝子だけをｍＲＮＡに写し取る過程、つまりデコード（暗号解読）することを指す。このような工程のことを「**転写** transcription」という（図２－３）。

タンパク質という部品への翻訳

作られたｍＲＮＡであるが、大半がそのままで機能するわけではなく、その情報をタンパク質に置き換える必要がある。

タンパク質は二〇種類の「アミノ酸 amino acid」が直線的に連結した重合体である。アミノ酸というのは、化学調味料のうまみ成分であるグルタミン酸や、タケノコについている白い粉の成分チロシンなどで、アミノ基とカルボキシル基という二つの「**官能基**」（有機化合物の特徴をもたらす特定の原子の集まり）をもつ小さな有機化合物である。

ＤＮＡ上の「遺伝子に相当する部分 coding region」の多くは、要するにこのアミノ酸の並び方が書かれているのである。書き方としては、ＤＮＡ上の塩基三つの並びを一区切り（これをコドン codon という）として、一つのアミノ酸に対応するようになっている。

たとえば「アデニン―チミン―グアニン（ＡＴＧ）」と並んでいる場所は、メチオニンというアミ

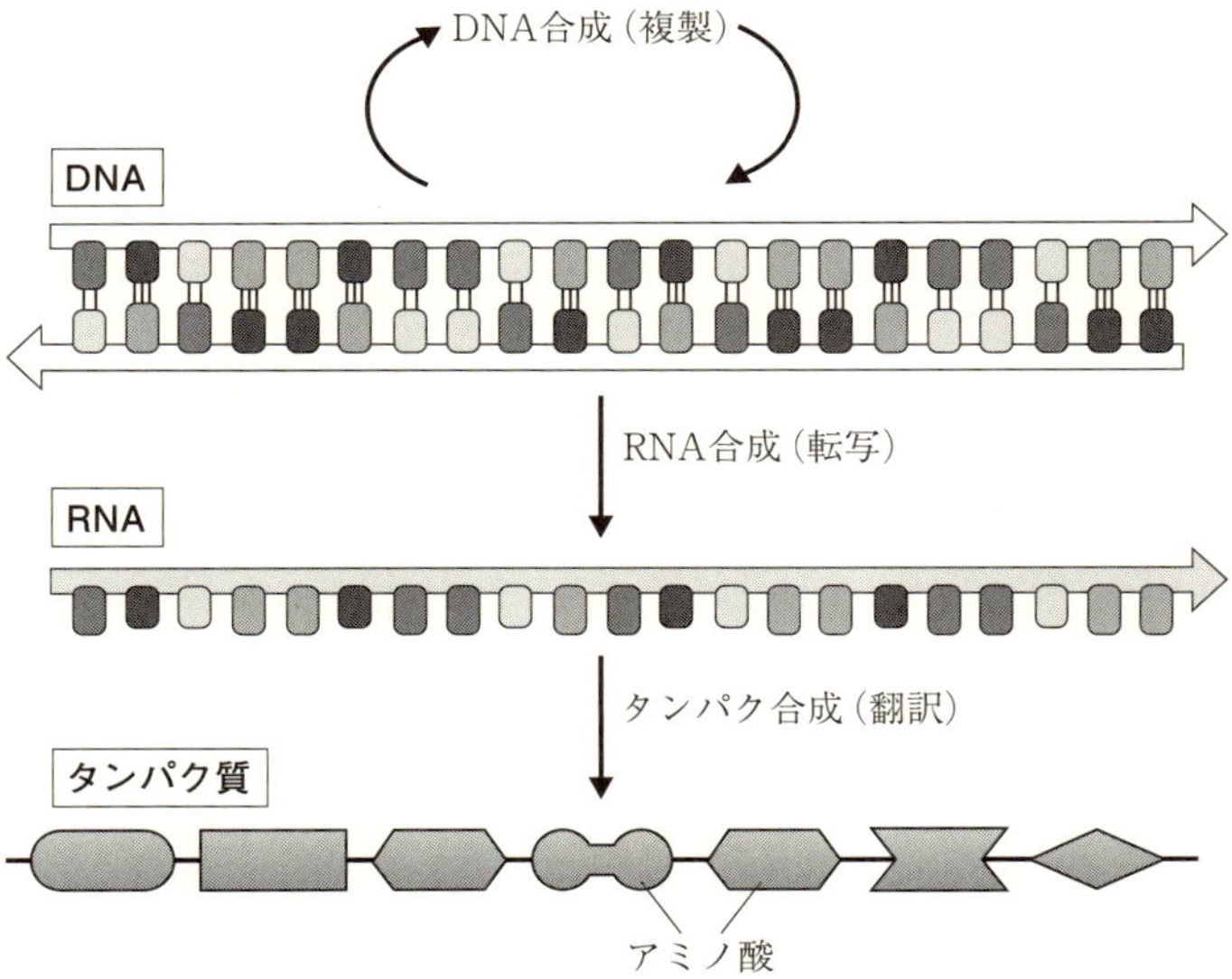

図2-3　セントラルドグマと生命情報の変換プロセス

ノ酸に対応する。また、この「ATG」がある場所は遺伝子のいちばん初めの位置をも定義する（つまり「ATG」は二重の意味をもつ）。アミノ酸が一〇〇個つながってできるタンパク質を記している遺伝子は、三〇〇塩基対の長さをもつことになる。

　タンパク質は、リボソームという小さな顆粒《かりゅう》状の細胞内小器官でmRNAの並びを鋳型にして合成される。詳しくは省略するが、細胞にはmRNAの並びをコドンごとに読み取って、それに対応するアミノ酸を順次連結する仕組みがある。ヌクレオチドをアミノ酸のことばに置き換えているわけで、これを文筆活動にたとえて、「**翻訳** translation」と呼んでいる（図2-3）。

　mRNAは遺伝子の部分だけ合成され

るので、その部分に相当する長さの「ポリペプチド」というアミノ酸が連なった重合体が合成されることになる。ちなみに「ポリ」という接頭語は「複数の」という意味がある。このポリペプチドは細胞の中で立体的に折りたたまれ、三次元構造をとった「タンパク質」となる。タンパク質が生命機能をもつ小さな部品として細胞内で機能することで、さまざまな生命活動がおこなわれる。

以上のような生命情報の流れ、つまりＤＮＡ→ＲＮＡ→タンパク質という流れは、「**セントラルドグマ central dogma**」、あるいは「中心命題」と呼ばれるもので、まさしく「分子生物学のイロハ」のような概念である（図２－３）。

現在ではこの一方向の流れだけでなく、逆転写など例外的な反応があったり、ＲＮＡなどのタンパク質以外の機能性分子の存在が指摘されたりして、セントラルドグマ以外の生命情報の流れも重要であることがわかっている。しかし、多くの生命情報の流れはセントラルドグマに則《のっと》っており、生命の基本原則である点は現在でも疑うべくもない。

内蔵された自己変革能

生殖細胞において、生物はゲノムＤＮＡを積極的に組換え、新しい組み合わせの遺伝情報を作りだして、次世代に継承する。このＤＮＡ組換えが起こるとき、ＤＮＡのもつ特性が重要なはたらきをしている。

ＤＮＡの物理化学的特性の一つに、「**変性** denaturation」と「**アニーリング** annealing」という現象がある（図２－４）。ＤＮＡの二重らせんを構成する二本の一本鎖ＤＮＡは、それぞれたがいに相補

的な配列をもっていて、二本の相対する鎖が塩基であるGとC、またはAとTが対合することで、安

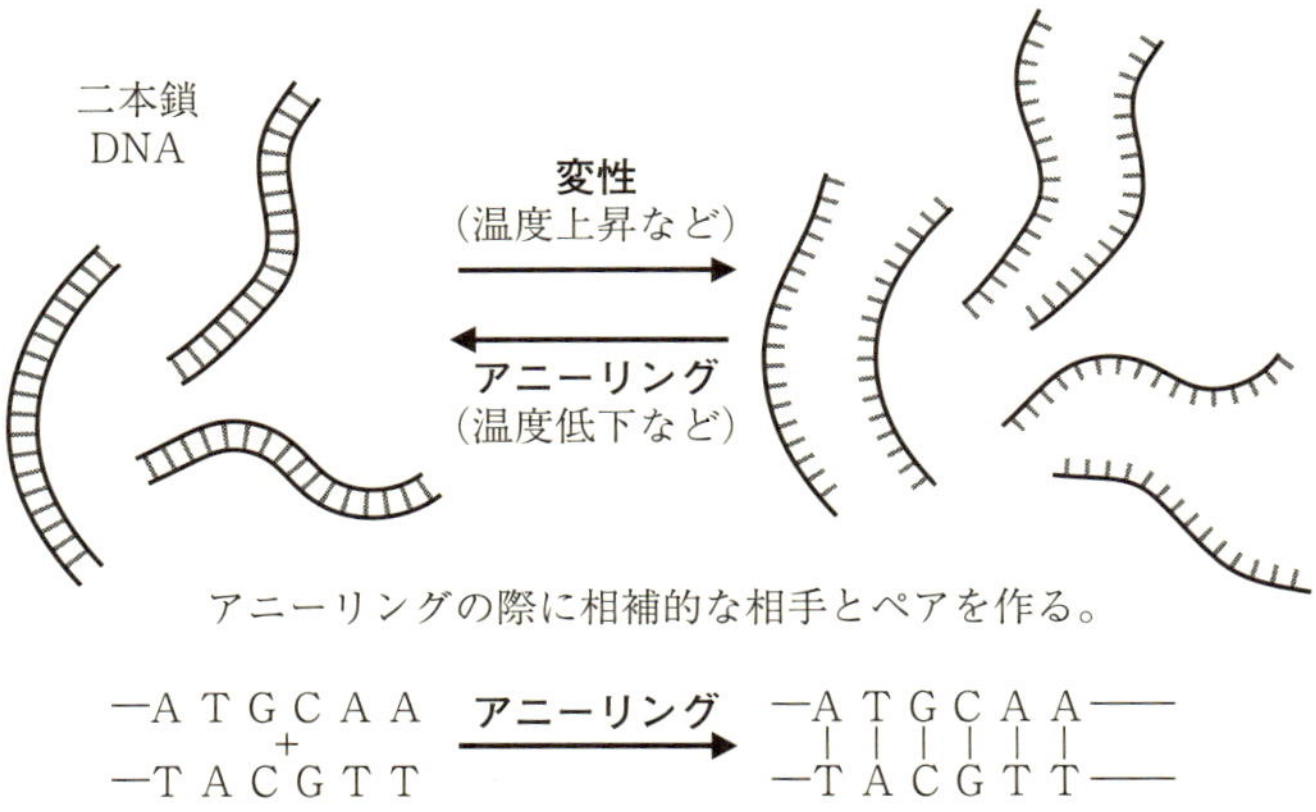

図2-4　変性とアニーリング

定的にペアを作っている。

この塩基間は、水素結合という比較的弱い相互作用で連結されている。この連結は緩くつながれた手と手のように、状況によって簡単に離れたり、くっついたりするタイプの結合になっている。温度や周辺の塩濃度、あるいはタンパク質の作用などによって、容易に分離（変性）したり、再対合（アニーリング）したりする。

ここで重要な点は、このアニーリングのときに、二本のバラバラになった一本鎖のDNAが、たがいに似た配列を探し出してもとどおりの二本鎖を作ろうとするはたらきである。つまり、離ればなれになっても二本の鎖はもとの鞘《さや》に収まろうとするのである。これは、DNAとその親戚であるRNAの間でも起こり得る。

DNAのこのような性質は、**DNA複製**や**DNA修復**（放射線や活性化された酸素などの作用でDNAが切

断を受けたときに見られる損傷の修復）において、重要なはたらきをする。

たとえば、DNA複製の際には、複製起点というスタート点でDNAの二本鎖が一部緩んで一本鎖状態になるが、ここに短いRNA（プライマー primer という）が「もとの鞘に戻る」性質によりアニーリングし、DNA複製の糸口となる（DNAを合成するタンパク質は、この糸口がないと合成反応を開始できない）。

DNA鎖の切断が生じると、その端の二本鎖のうち一方の先端部分が削り込まれ、もう片側の一本鎖DNAが残ったような状態になる（図2－5）。

細胞内には、DNA複製でコピーされた一対の染色体DNA（姉妹染色分体 sister chromatid という）や、父親か母親に由来しているだけで同じ種類の染色体DNA（相同染色体 homologous chromosome という）がある。これらの染色体DNAは、おたがいに非常によく似ている。

DNA切断部位にできる一本鎖DNAは、そのようなよく似た（「相同」という）配列部位で、DNA二本鎖が局所的に緩んだ隙を狙ってその部分に潜り込み、あたかも自分がペアの相手であるかのようにDNA二本鎖を作る。

その後、切断末端の一本鎖DNAを起点にDNA合成がおこなわれ、ある程度DNA鎖が伸長すると、このDNA鎖が今度はもういっぽうの切れ端部分とくっついて連結される。このような配列の類似性に依存したDNA組換えを「**相同組換え** homologous recombination」という（図2－5）。

筆者がかつて理化学研究所に勤めていたときの上司である柴田《しばた》武彦《たけひこ》は、米国イェール大学のチャールズ・ラディングの研究室で、大腸菌のRecAというタンパク質がこの相同組換え反応を促進することを見つけた。これは「相同組換えをおこなう酵素（組換え酵素 recombinase）」として生化学的な機能が明らかにされたはじめてのケースであった。

しかしながら、この一連の研究で注目すべきもう一つの点がある。それは、組換え酵素のはたらきがなくても、温度変化とＤＮＡだけで同じような反応が起きる点である。つまり、ＤＮＡそれ自体がもともと組換えを生じやすい化学的構造をもっており、酵素はそれを促進しているということであ

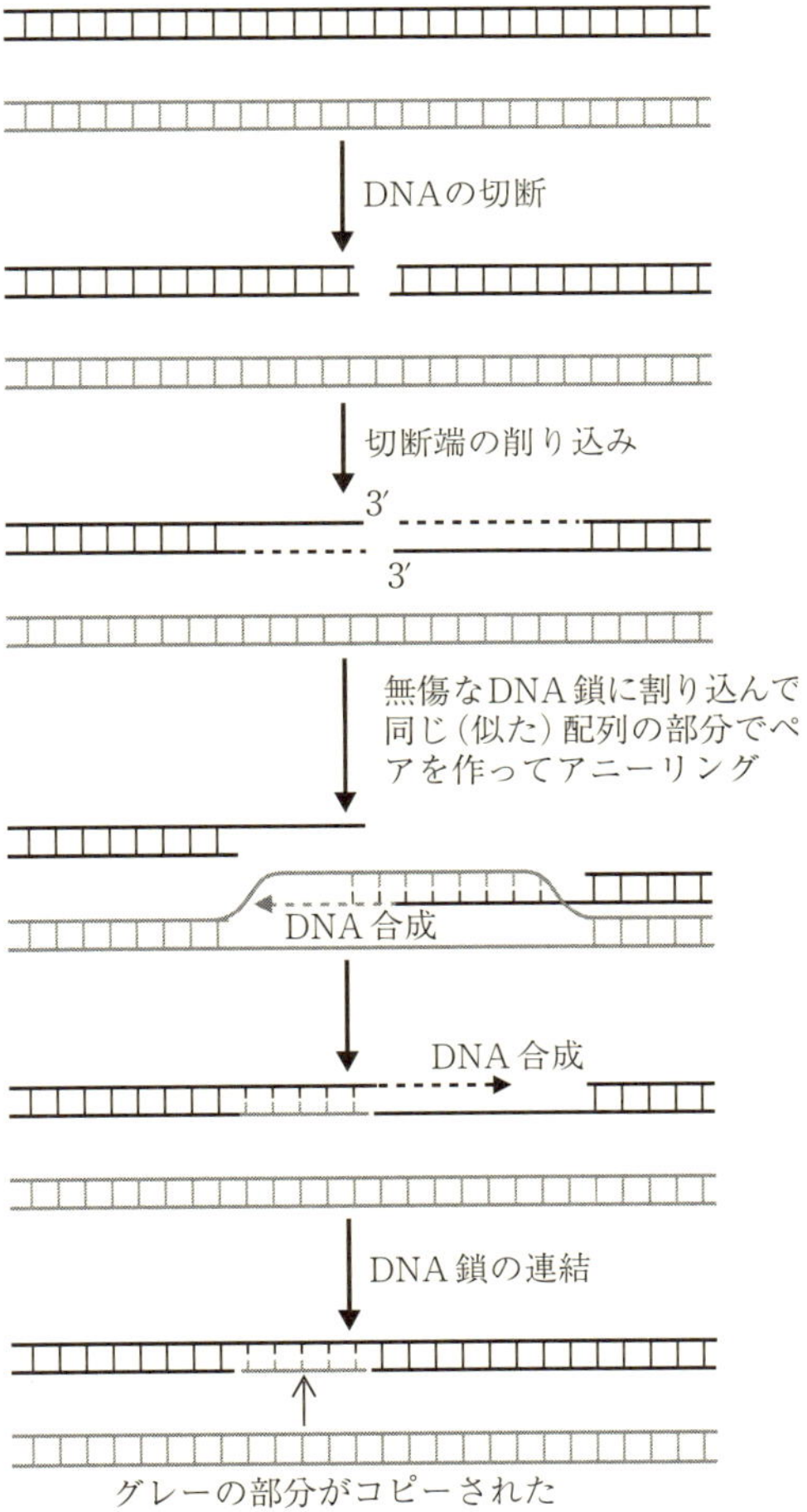

図2-5　DNA二本鎖の切断と相同組換え（遺伝子変換）

る。もう少し大胆に言えば、ＤＮＡは組換えを起こしやすい化学的特性をもっているということになる。

相同組換えは、多くの場合現状のＤＮＡ配列を維持する保守的機能に関わっている。いっぽうで、減数分裂期には子孫の遺伝情報の多様化をもたらし、ＤＮＡ配列の変化をもたらす創造的な機能も果たしている。言い換えれば、生物が自らの姿を子孫に継承しながら、どんどん高度に進化できるのも、このようなＤＮＡの内在的性質のゆえである。このようなＤＮＡの特性が、以下に述べる「生命の多元性」をもたらす一つの原動力となっている。

しかし、このようなＤＮＡ自体の組換え能力は、諸刃の剣として破壊的なはたらきも引き起こす。ＤＮＡ組換えが暴走すると、がん細胞のように細胞内で染色体の再編成が次々と起こり、収拾のつかない細胞異常の連鎖が生じてしまう。我々の細胞は、自己変革を続けるＤＮＡという「内なる猛獣」を巧みに制御しているのである。

進化の０《ゼロ》

ゲノム情報は、細胞核のＤＮＡに記されていて、比較的変わりにくい情報である。とはいうものの、遺伝的組換えや突然変異によって配列が不可逆的にゆっくりと書き換えられることがあり、これにより遺伝的多様性というものが生まれる。生物種の違いは、基本的にこの遺伝的多様性によってもたらされる。

たとえば、ある特定の種のゲノムＤＮＡ配列を眺めてみると、同一種のゲノムＤＮＡの配列はほぼ同じといってよいほどよく似ているが、種が異なると配列の違いは大きくなる。種間のゲノムＤＮＡ配列の違いは、遠く離れた種であるほど大きく異なっていることが知られている。種間の違いほど大きくはないものの、同一種の個体間でもゲノムＤＮＡ配列に違いが存在し、個体の多様性を生み出している。

実は、ＤＮＡ配列の変化の大部分は、進化における適応度にほとんど影響を及ぼさない。当初の自然選択説では、選択に有利な変異のみが残っていくと考えられていたが、実際には生存に有利でも不利でもない変異が多数を占めているという話である。この理論は進化生物学者木村資生《きむらもとお》が提唱したもので、「**中立的進化説** neutral theory of molecular evolution」と呼ばれる。

生存に有利でも不利でもない変異は、子孫の集団中に偶然広がっていくこともあるだろう。このような変異の拡大を遺伝的浮動という。この遺伝的浮動は、将来的にはなにがしかの生存への圧力が掛かった場合、自然選択を可能とする遺伝的な多様性資源を提供することになる。

木村の中立的進化説は、生命体の遺伝情報が生存に有利になるような（＝理想的な）方向に変化してきたとする、それまでのダーウィン進化論的な考えと一線を画するものである。ＤＮＡ上の変異は本質的にはプラスでもマイナスでもない状態であるという考え方は、ある意味で東洋的な思想であるかもしれない。埼玉大学教授であった伏見譲曰《いわ》く「生物学における０の発見」、それほどまでに重要な発見であった。

DNAで時間を計る

中立説はゲノム進化の研究に重要な貢献をした。中立説によれば、大多数の変異は自然選択と無関係にランダムに生じ、それがゲノムDNAに時間変化の痕跡となって残っていることになる。言い換えると、ある種と種の間でゲノムDNA配列を比較してその差を調べると、進化の過程でそれらの種が分岐し現在に至るまで、どの程度の時間が経ったのか、すなわち種間の進化的隔たりを推定することができる。つまり、DNA配列の変化を進化に関する「分子時計」のように利用することができることを意味する。

このような推定をおこなう場合、DNAの変化が生じる要因が比較的単純で、できるだけ時間にのみ依存する遺伝子を用いることが多い。たとえば、細胞の中に存在するエネルギー工場の役割を果たす「ミトコンドリア mitochondrion」には、細胞核内のDNAとは隔離された環状のDNAが存在する。細胞核内のDNAは、父親由来と母親由来のDNAが組換えによってシャッフルされるので、一代経ると少しだけ変化する。ところが、**ミトコンドリアDNA**は、ほぼ一〇〇%が母親に由来するコピーになっており、組換えによる配列の変化が起こりにくい。変化が生じるとすれば、時間を経てゆっくり生じる点変異（ひとつの塩基が別の塩基に置き換わる変異）などが中心になる。

したがって、異なる種や個体のミトコンドリアDNAの配列を比較すると、基本的にそれらが分岐してから経過した時間に比例して差異が大きくなる。この性質を利用して、ミトコンドリアDNA上の配列を比較することで、その生物がどのように進化してきたかを推定できることになる。具体的な研究の例としては、前章で述べた人類の最初母として知られる「ミトコンドリア・イヴ」（五五頁）

がある。現生人類のミトコンドリアDNA配列を比較していくと、その共通祖先が約一六万年まえにアフリカに存在した女性にたどり着くと推定された。そのほか、DNA分子時計を用いた解析では、種内において DNA配列が変わりにくい特定の遺伝子を用いることも多い。例としては、rDNA(ribosomal DNA)という、「リボソーム ribosomes」を構成する遺伝子領域が挙げられる。

ヒトとチンパンジーはどのくらい違うのか?

さまざまな生物種や個体群に関して、そのゲノムDNAを系統的に比較解析する「**集団遺伝学 population genetics**」をおこなうと、その生物の成り立ちの秘密が明らかになることがある。

とくに現代はゲノムDNA配列を超高速に解析する次世代DNAシークエンサー(DNA sequencer 配列解析装置)の開発が盛んにおこなわれ、さまざまな生物種に関して、異なる生息域の個体群同士でゲノム配列を比較することが、非常に容易になった。これによりさまざまな新しい知見が明らかになってきている。

同一種の個体間を比較すると、DNA配列の違いはたいへん少ないのが普通である。しかし、詳細に配列を分析すると個体同士でも配列のわずかな違いが存在する。

たとえば、人間一人一人のDNA配列を比較した場合、一塩基の配列の違いである「**一塩基多型 SNPs, single nucleotide polymorphisms**」が全体の〇・一%ほど存在する(図2-6)。また、「**コピー数変動 CNVs, copy number variations**」といって特定の染色体領域が繰り返し存在し、その数が人によって異なるケースがある。本でたとえると、文字の違いはないが、同じ文章が繰り返し何回か出てくるようなイメージである（図2－6）。

これらの個人間のDNA配列の違いは、その変化が重要な機能を有する遺伝子の中や近くに存在すると、形態的特徴や特定の病気になりやすいかどうかなど、目に見える状態の変化（表現型の変化）として観察されることがある。

このようなDNA配列の違いは、異なる種間ではさらに大きくなる。ちなみに、ヒトとチンパンジーのゲノムDNAを比較すると、個人間ではDNA配列の違いが〇・一％程度であったのに対して、その一五倍ほど、つまり一・五％程度の差が認められる。

チンパンジー・ゲノムのサイズも人間とほぼ同じ約三〇億塩基対で、サイズ的な差も小さい。この一五倍程度の差を大きいと見るか、小さいと見るかは受けとる人によって異なるだろう。電車で隣り合った人間と私の違いの大きさを一五倍すると、人間とチンパンジーとの違いの大きさに相当する、といわれても釈然としないかもしれないが、データ的にはそれが事実である。おそらく人と猿を分ける決定的などこかに違いがあるのであろう。

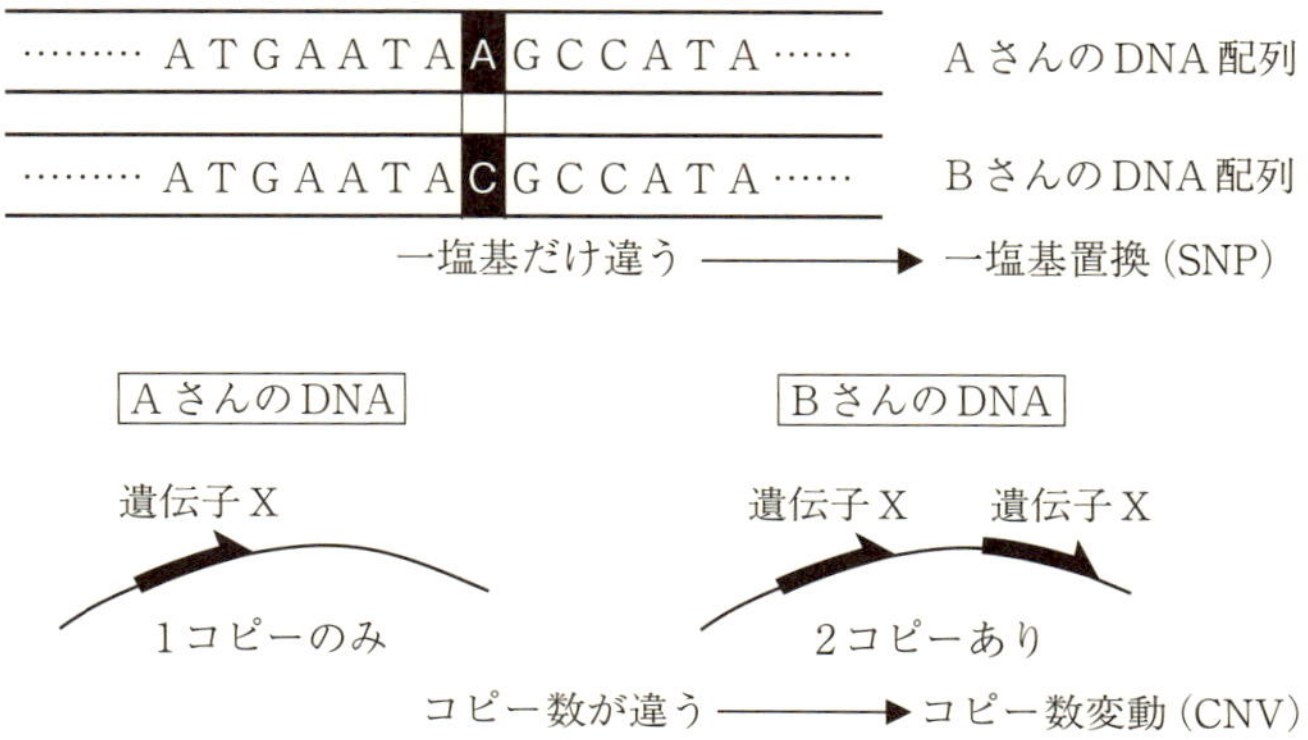

図2-6　一塩基多型とコピー数変動

保守性と革新性の両立

すでに述べたとおり、ゲノム全体をおしなべて見てみると、変異のほとんどは役にも立たないし害にもならない「中立的」なものである（七七頁）。しかし、変異の中には生存に非常に不利になるような影響をもたらすものも、まれにではあるが存在する。

その遺伝子の機能が失われると致死的な影響を及ぼす遺伝子を「必須遺伝子 essential gene」という。このような必須遺伝子に変異が起こると、その個体は死んでしまうか淘汰《とうた》されてしまい子孫を残すことはほとんどないため、変化に対して保守的で変わりにくくなっている。その結果として、ゲノムＤＮＡの中の重要な遺伝子については、生物種が違っても配列がよく似ている傾向がある（つまり、進化の過程でも変化しにくいということである）。

生物学の世界で、異なる種間でＤＮＡ配列が同じもしくは類似した状況に保たれていることを配列が「**保存されている** conserved」と表現する。重要な遺伝子ほど配列が保存されやすいわけである。遺伝子が保存されている場合は、何らかの「選択圧 selection pressure」を受けて、配列が変化しない状況が積極的に維持されていると考えられる。

選択圧という概念は少しわかりにくいかもしれないので、説明してみよう。たとえば北極でシロクマの体毛が黒くなると目立ってしまって、捕食に不利になるというような状況を考えてみてほしい。この場合、氷雪環境の白さが体毛色を白くするほうが生存に有利にさせる「圧力」としてはたらき、その結果として体毛色が白くなるように遺伝子配列が維持されることになる。この例では、氷雪の白さが選択圧となっている。

さて、タンパク質などを記述している「遺伝子」は基本的になにがしかの生命機能を指定するので、程度の差はあるもののどれもある程度重要である。したがって、必須遺伝子ほどの重要性はなくても、どのタンパク質記述遺伝子も種間で配列が保存されている。

いっぽうで、生物の生存にあまり重要でない配列は変化しやすい。こういう領域では、種間の配列を比較すると大きな差が認められる。たとえば、遺伝子でない部分、つまりタンパク質などを指定していない**「非コードDNA non-coding DNA」**領域については、選択圧という制約条件が作用しにくいため、変化に富んだ領域になっている。

物事は何でもそうであるが、（たとえ外見上変化がないように見えても）絶えず変化している。その際に、すべての構成要素を大幅に変えてしまうのはたいへんなリスクを伴う。そこで、積極的に変化させる部分と、保守的に運用する部分を組み合わせて対応している事例が多く見られる。

企業などでも、その企業の創業的思想や独自のビジネスへの取り組み方は、長い年月変わることがないが、扱っている商品構成やサービスなどは市場の変化に応じて柔軟に変化していくものである。

生物のゲノムでも、遺伝子の部分はコア情報となっていて保守的に運用されているが、それ以外の部分が新機能開拓のフロンティアとなって先導的な役割を果たしているのであろう。この点、生物のゲノムＤＮＡの構成は非常に合理的であるといえる。

ゲノムの「砂漠」

かつて、ヒト遺伝子数は少なく見積もっても一〇万個程度と推定されていた。近年のヒトゲノム解析から、ヒトの遺伝子数が二万個程度と予想以上に少ないことがわかってきた。

「万物の霊長＝ヒトはほかのあらゆる生物より高等である」という考えは欧米的な価値観に基づくものだろう。実際には生物に貴賤《きせん》はない。それでも人間の高度な知的活動を考えれば、ヒトとハエの遺伝子数に大きな差がないという事実は、なかなかピンと来ないのも事実である。

ヒトゲノム配列完全解読という大きなニュースが二〇〇三年に報道されて以来、多くの人々は「これで人間のすべてがわかった」と思われたかもしれない。しかしヒトゲノムが解読されたあと一〇年以上経っても、実際にはわかっているのは莫大《ばくだい》なＤＮＡ塩基配列だけだった。前述したが、チンパンジーとヒトのゲノムＤＮＡの差はたかだか一・五％である。何が人間らしさをもたらしているかなど詳しいことは結局わからずじまいだった。まだまだゲノムＤＮＡについては、わからないことばかりなのである。

そこで、その詳細な意味を読み解こうとする国際プロジェクトがいくつかスタートした。ENCODE（Encyclopedia of the Human DNA Elements「ＤＮＡ諸要素の百科事典」プロジェクト）というのは、ヒトゲノムのどこがいつ使われていて、何をしているのかを網羅的に探り、一種の百科事典を作ろうという世界的なコンソーシアムによる研究プロジェクトである。

二〇一二年にＥＮＣＯＤＥが発表した論文によると、ヒト遺伝子数は二万一〇〇〇個程度ということになり、当初予想の一〇万個などから大幅に下方修正された。[*1] これはショウジョウバエの遺伝子数一万四〇〇〇個と比べるとさほど多いとはいえない数である。

結局のところ、遺伝子の数だけでは、生物の複雑さの違いを説明することはできなかった。では、

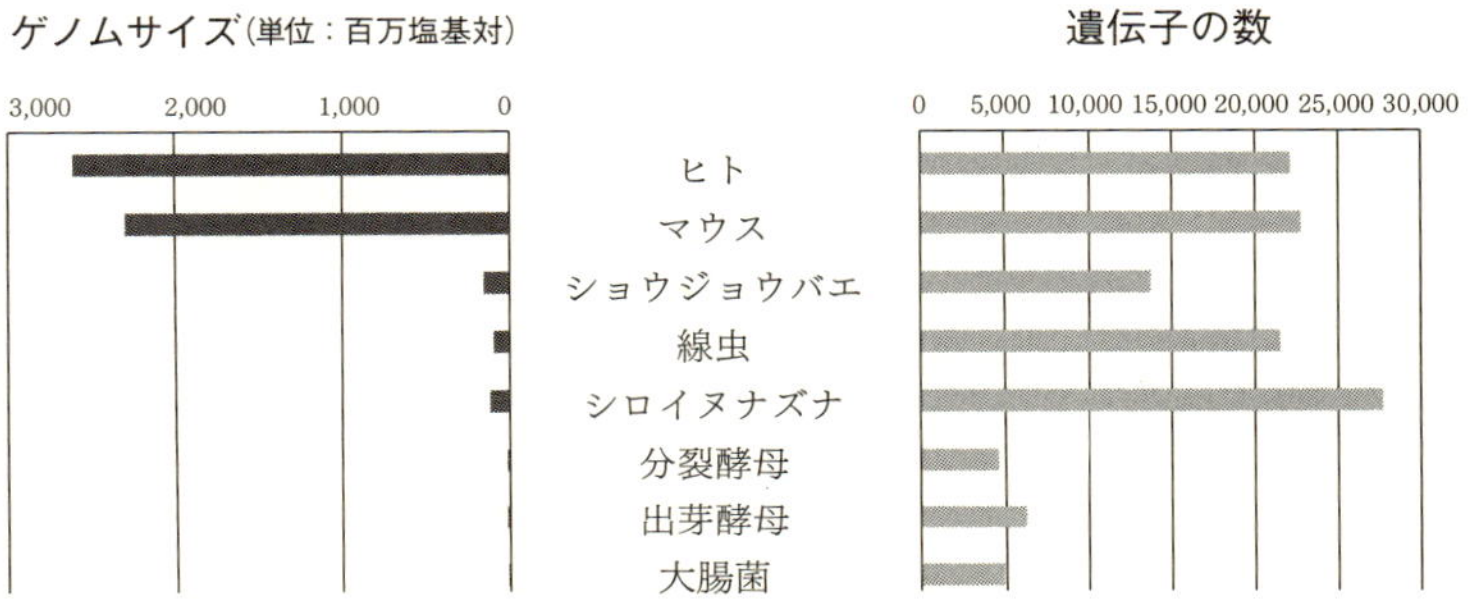

図2-7　いろいろな生物種におけるゲノムの大きさと遺伝子の数　EMBL-EBI（http://www.ebi.ac.uk/）のデータから作成・改変

何が加わることで、人間の知能などの複雑性をもたらしているのだろうか。

一つのヒントとしては、タンパク質などをコードしない「非コードDNA領域」である。

非コードDNAの比率は、複雑な生物ほど大きくなることが知られている（図2-7）。たとえば、ヒトのゲノムでは、三〇億塩基対に対して二万一〇〇〇個の遺伝子が存在するので、ゲノムに占める遺伝子の密度は「七個／一〇〇万塩基対」となる。これが、大腸菌では九五〇個／一〇〇万塩基対、ショウジョウバエでは八三個／一〇〇万塩基対となっている。つまり、ヒトゲノムの遺伝子密度は、ほかの生物に比べてかなりまばらなのだ。

では、その遺伝子部分の一・五%を取り除いた残りの九八・五%の非コードDNA領域は何か「ゲノムの砂漠」のような不毛な領域なのであろうか。

実際、以前この領域は「ジャンクDNA」（junk クズ、くだらないもの）という不名誉な名称があてがわれていた。ヒトゲノムはどのくらい「砂漠」や「ガラクタ」の状態なのかというと、いまご覧になっている本書の見開き二ページにはおよそ一六〇〇字が書かれているが、そこで意味があるのは約二四文字だけで、あとは意味不明の文字の羅列という感じである。しかも、意味がある文は、この見開き内のあちこちに分散していて、意味のない文章に埋もれているのだ。そのような本を買ってくれる奇特な読者は、まずいないだろう。だが、それがヒトのゲノムDNAの実体なのである。

しかしながら、この非コードDNAこそ、種間や個体間で変化に富む領域であり、種や個体の個性を生み出している可能性が高いわけで、何か重要な秘密が隠されていそうであると考え、筆者を含む研究者たちが精力的に研究を進めている。

ゲノムの暗黒物質

非コードDNAの役割に関しては、近年の解析により何か未知の生理機能の存在が示唆されつつある。たとえば、前述のENCODEの報告により、九九%ものヒトゲノム領域がなにがしかの生化学的反応を起こしており、七五%の部分がRNAに転写されているそうである。

これらのRNAの多くは、タンパク質に翻訳されることがなく機能を発揮する。このようなRNAのことを「**非コードRNA** non-coding RNA, ncRNA」という。

一例としては、先ほど登場したリボソームを構成するrRNAや、遺伝子配列をもとにmRNAからタンパク質への翻訳に関わるtRNA、短い鎖長のマイクロRNA miRNAや二〇〇ヌクレオチドを超える長鎖非コードRNA long non-coding RNA, lncRNAがある。

これらの転写物の多くは転写ノイズのように、ただ転写されているだけなのかもしれない。しかし、近年の研究成果によれば、かなりの数の転写物が何らかの機能をもつ機能性RNAである可能性が高くなってきている。

このように、予想以上に非コードDNA領域から機能性の非コードRNAが合成されている。つまり、非コードDNA領域は「砂漠」のような不毛な領域ではなく、未開のジャングルのように単にまだ人間の理解の外にある世界だったのである。筆者らはこれらの非コードRNAを、宇宙質量のかなりを説明するが観測しにくい「暗黒物質（ダークマター）」になぞらえ、「ゲノムのダークマター」と呼んでいる。

このような非コードRNAの研究は近年非常に盛んになってきており、新たな機能が続々と報告されるようになった。たとえば、ある種の長鎖非コードRNAは、後天的な遺伝子の発現パターンの制御に関わるエピゲノムの調節をおこなっていることがわかってきた。

このような状況になってきたため、二〇一二年には若干センセーショナルな切り口で「ジャンクDNAの死」などと表現されるに至っている。[*2] ヒトゲノムの大半を占めるジャンクと思われていたDNA領域が、実は重要な意味をもっていたという主張である。

しかし、ENCODEの結果だけでは、この領域が本当に重要なはたらきをしているかどうかは証明できない。非コードDNA領域の多くは、単にそばを打ったあとに残るまな板上のそば粉のように、何らかの重要な反応の「残骸」である可能性も否定できない、という批判もある。筆者自身の見解としては、この領域はまさに未開のジャングルのような地であり、金鉱脈などが多く眠っている

「隠された宝物殿」であると考えている。

ジャンクDNAは何でできているか

ダークマターの生成部位である非コードDNA領域には、どのようなDNA配列要素があるのだろうか。

図2-8はヒトゲノムDNAに含まれる配列要素を分類し、それぞれの存在比率を示している。図のいちばん右側に遺伝子があり、これはすでに述べたとおり一・五%程度である。これに付随する領域に「**イントロン** intron」や「遺伝子制御領域 regulatory region」がある。

「イントロン」というのは遺伝子を分断している配列のことである。ヒトなどの複雑な真核生物の遺伝子は連続しておらず、いくつかのユニットに分断されている。このうち、タンパク質などを指定する部分を「**エキソン** exon」と呼び、そのエキソンとエキソンを分断する介在配列をイントロンというのである。

遺伝子が発現する際には、エキソンとイントロンを含むすべての遺伝子領域を鋳型に前駆体mRNAが合成される。その際、イントロン部分だけが切り出されると同時に即座にエキソンが連結され、完成型のmRNAへと変換される。ヒトゲノムでは、このイントロン部分が二〇%弱を占めている(図2-8)。

「遺伝子制御領域」というのは、その遺伝子がどのような状況下でどのくらい活動したらよいかを記した領域である。いわば、遺伝子発現に関するバックグラウンド情報、あるいは「メタ情報」が書かれている部分である。

この部分には、遺伝子発現の開始を規定する「**プロモーター** promoter」や、転写されたmRNAの翻訳と安定性制御に関わる「非翻訳領域 untranslated region」などが含まれる。また、遺伝子から

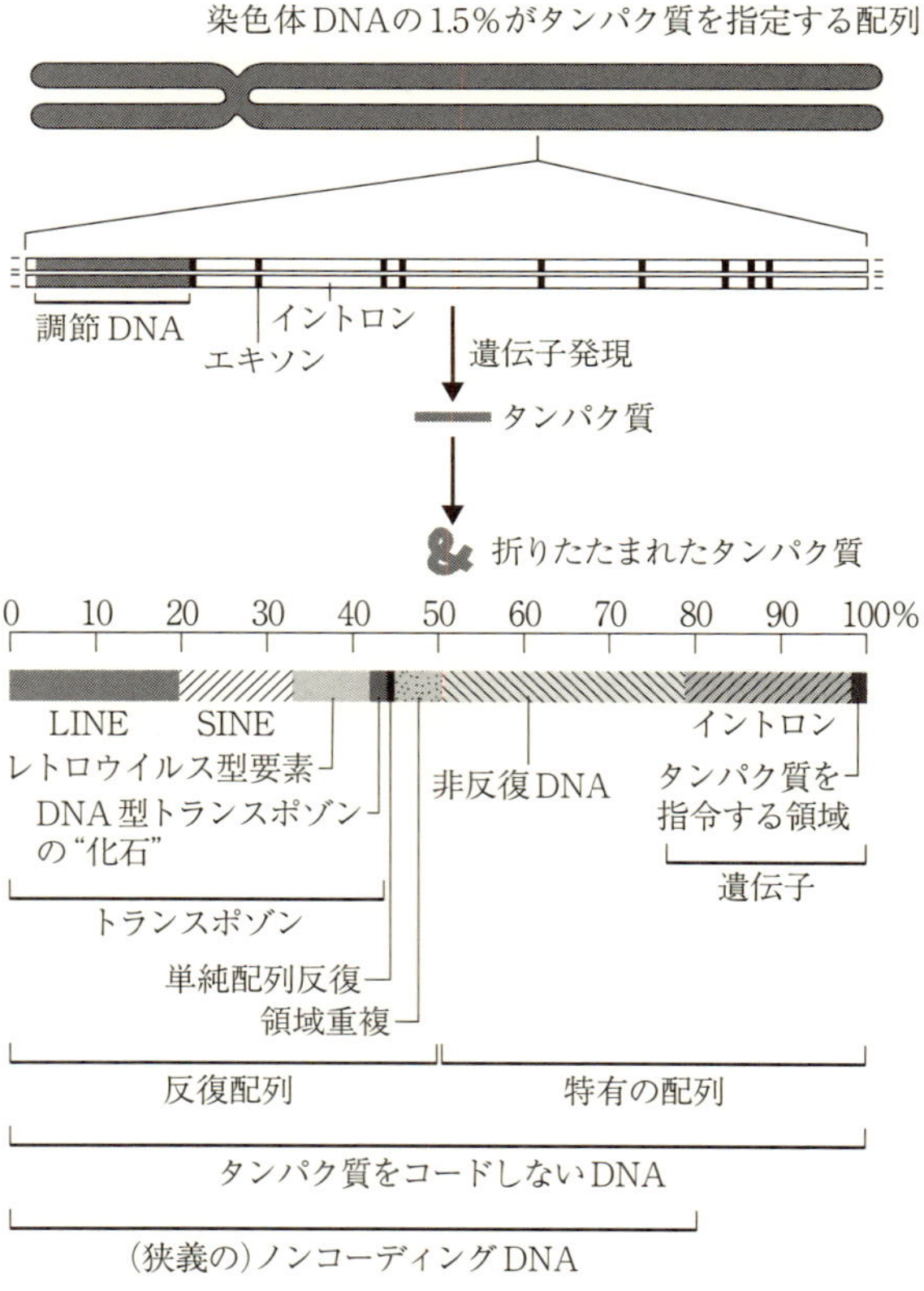

図2-8　ヒトゲノムDNAの構成要素

離れた部位に存在して遺伝子発現を促進する「**エンハンサー** enhancer」や、逆に遺伝子のはたらきを抑制する「サイレンサー silencer」、遺伝子発現の領域を区切る障壁配列「インスレーター insulator」なども含まれる。

ヒトゲノムでは、これらの遺伝子関連要素以外が二割弱を占める。そのほかの領域には、後述する「**トランスポゾン** transposon」や「レトロ・トランスポゾン retrotransposon」、「サテライトＤＮＡ satellite DNA」など、同じ配列が繰り返される反復性配列や、遺伝子とよく似ているが機能的なタンパク質を生み出さない「偽《ぎ》遺《い》伝子《でんし》 pseudogene」などが存在する。

これ以降は、これらの遺伝子以外の非コード領域のＤＮＡ配列が、生物の多様性に重要なはたらきをしていることを紹介する。

エンハンサー変異とヘビの手足

非コードＤＮＡ領域で、遺伝子から離れた位置でその活動を調節するエンハンサーは、複雑な生物ほど多種多様に発達しており、複雑な遺伝子発現プログラムの作動を支配している。エンハンサーのはたらきにより、生物の多様で複雑な形づくりが制御されているのだ。

だが、エンハンサーは遺伝子発現を調節するというのだが、いったいどのようにはたらくのであろうか。ここに焦点を当ててみよう。

遺伝子が活性化する際、染色体はちょうど日光の「いろは坂」のようにループ状に折りたたまれ、その結果標的とする遺伝子の近くに空間的に近寄ってくると考えられている。接近するには染色体を

図2-9　ヘミングウェイが飼っていた猫の子孫　指が六本ある（https://www.hemingwayhome.com/cats/）

つなぎ止めておくタンパク質やRNAが必要であるが、これらが遺伝子の発現を調節するはたらきももっている。つまり染色体の三次元の構造変化とそれに付随して結合する因子により、遺伝子がどのように作動するかを調節しているのである。

エンハンサーの遺伝子制御機能は、とくに複雑な生物ではかなり重要である。生物の種が違うと配列が大きく変わるといわれている非コードDNA領域の中では、エンハンサーはどちらかというとあまり配列に変化がない部位である。いっぽう、エンハンサーのDNA配列に変化が生じると、遺伝子発現に重大な影響が生じるため、結果として顕著な表現型の変化を伴うことがある。

たとえば、指の数が六本以上ある「多指症」は、発生時の形態形成に関わる「**ソニック・ヘッジホッグ** Sonic hedgehog」（有名なゲームのキャラクターから名前を取っている）という遺伝子のエンハンサーに変異が入ることで生じる。歴史的な例としては、豊臣秀吉《とよとみひでよし》の手は指が六本あったという前田《まえだ》利家《としいえ》による記述が残っている。

『老人と海』など海をテーマにした小説で知られる米国の小説家アーネスト・ヘミングウェイが飼っ

ていた猫にも、六本以上の指があるものがいた。彼が過ごしたフロリダの家では、現在もこれらの子孫が飼育されているそうである（図２－９）。ヘミングウェイはたいへんな猫好きで、船乗りが大事にしていた六本指の猫をもらい受けて飼っていた。六本指の猫は船のロープをつかんだりすることもでき、捕獲能力も高いため、船乗りに珍重されていたらしい。

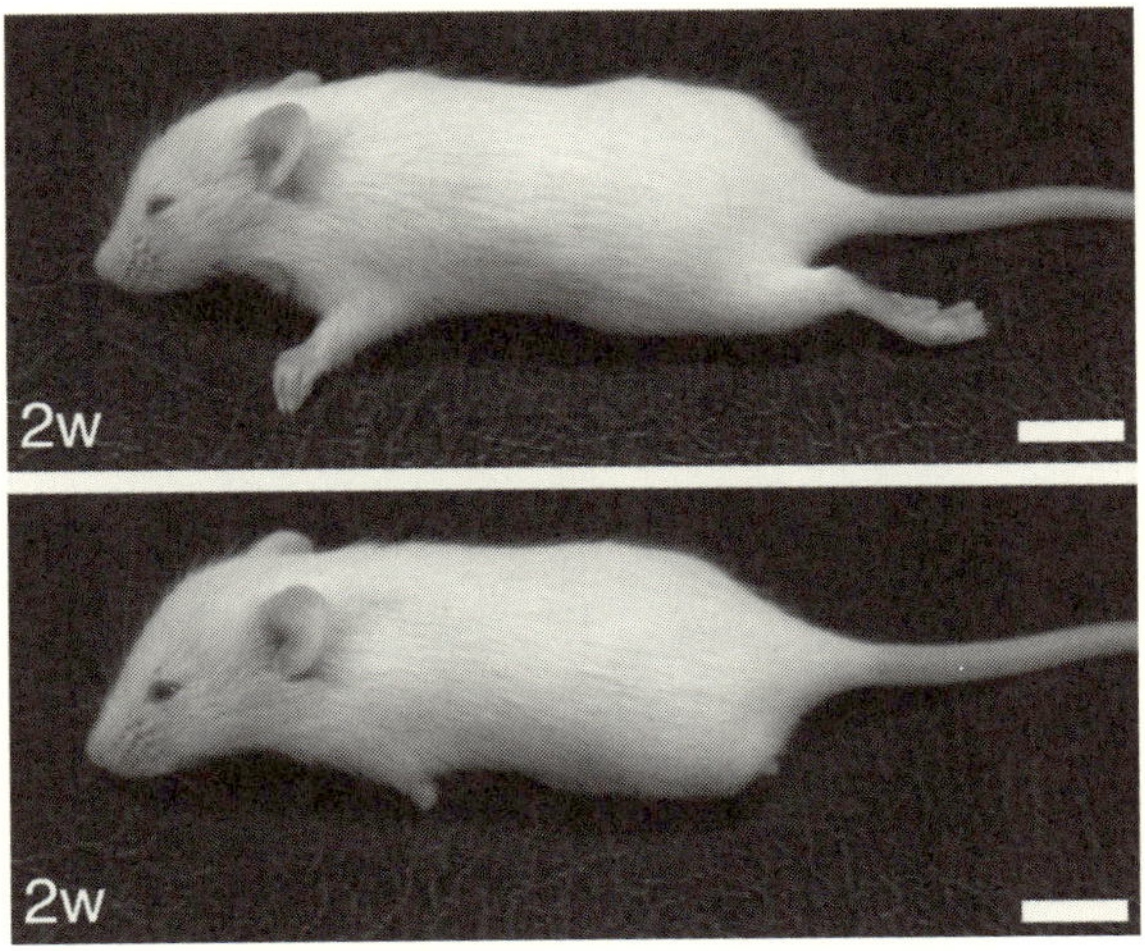

図2-10　ヘビ型ソニック・ヘッジホッグエンハンサーを導入されたマウス　Kvon EZ. et al., Progressive loss of function in a limb enhancer during snake evolution. *Cell* 167, pp. 633-642, e11, 2016. DOI: 10.1016/j.cell.2016.09.028

ソニック・ヘッジホッグのエンハンサーには、生物種によっても違いが認められる。ヘビにもソニック・ヘッジホッグのエンハンサーがあるが、ヒトやマウスと比べると一部が欠けている。

ヘビ（コブラ）のエンハンサーを、マウスのソニック・ヘッジホッグのエンハンサーとＤＮＡ組換え技術で入れ替えた実験結果が、二〇一六年に報告された。[*3] なんとそのマウスはヘビのように四肢がない状態になった（図２－10）。念には念を入れて、ヘビのエンハンサーで失われている一七文字（塩基対）の配列だけを入れ替えてマウスのゲノムＤＮＡに組み込んだところ、今度は四肢のあるマウスが生まれた。

なお、ほかのヘビ（ニシキヘビ）のエンハンサーでも四肢が失われたが、魚のエンハンサーを入れても四肢は生えてきた。すなわち、ヘビだけで失われているこの一七塩基対の配列があるかないかで、手足ができたり、消えたりするのである。

ヘビはイヴをだまして禁断の実を人間に食べさせたことで神の怒りを買い、地を這《は》う姿となったと旧約聖書「創世記」の一節に記されているが、ヘビが神の怒りで失ったのはこの一七文字のＤＮＡ配列だったのだろうか。

コピー・アンド・ペーストで増える繰り返し配列

次に紹介するのは、非コードＤＮＡに多く存在する「反復性配列 repetitive sequence」の生物多様性における役割である。反復性配列というのは、同じ文字列が繰り返される領域のことである。たとえば、ゲノムＤＮＡ中を移り渡ることができるＤＮＡ配列である「可動性因子 mobile element」も、ゲノムＤＮＡ内に多数のコピーを作る反復性配列の一種である。八八頁の図２－８を見るとわかるが、可動性因子の一種である「レトロ・トランスポゾン」や「トランスポゾン」の仲間が、ヒトゲノムＤＮＡの実に四四％もの割合を占める。

レトロ・トランスポゾンとは、ヒト免疫不全ウイルス human immunodeficiency virus, HIV のように、その領域から合成されたＲＮＡが「逆転写 reverse transcription」（転写とは逆にＲＮＡからＤＮＡを合成するプロセスであるので、このような名称になっている）によってＤＮＡに再転換され、これが染色体のあちこちに挿入されるものである。いわばコピー・アンド・ペーストによって自分勝手に増えるDNA配列である。

レトロ・トランスポゾンは酵母からヒトまで広く真核生物に見られる。ヒトゲノムDNAではLINE（long interspersed nuclear element）やSINE（short interspersed nuclear element）というレトロ・トランスポゾンの仲間が幅をきかせている。ヒトゲノムにおいては、両者を合わせて全体の三五％を占める。ヒトのSINEの大半を占めるAlu配列は、なんと一〇〇万個以上も存在している。

ヒトのAlu配列などのレトロ・トランスポゾンには、現在でもゲノム中にコピーを増やし続けている活動中のものと、はたらきを失って残骸のようになっているものがある。

前者に関しては、あらたにゲノム中にコピーが挿入されると、それに伴って周辺の遺伝子発現が影響を受けたり、ゲノムDNAの再編成が生じたりして、ある場合は疾患につながる。

精神遅滞や筋力低下を引き起こす先天的な遺伝性疾患である福山型筋ジストロフィーの患者の多くで、「フクチン」という原因タンパク質をコードする遺伝子の末尾に連続する領域（3′非翻訳領域という）に、Alu型レトロ・トランスポゾンが挿入されていることがわかっている。このレトロ・トランスポゾンの挿入により、フクチン遺伝子でスプライシングの異常が生じ、機能欠損型のフクチンタンパク質が合成され、筋ジストロフィーが発症するのである。

また、人類は体内でビタミンCを合成することができなくなり、食物からビタミンCを摂取することが必須になったが、これにもレトロ・トランスポゾンのはたらきが関与している。ビタミンC合成にはある種の遺伝子が必要で、大方の動物にはこれが存在する。しかし、ヒトなどの霊長類ではこの遺伝子にＡｌｕ配列が挿入されていて、不活化されてしまっているのである。

このように、Ａｌｕ配列などのレトロ・トランスポゾンが、我々のゲノムＤＮＡおよび表現型の変化を引き起こし続けており、生物の多様化に一役買っているのである。

カット・アンド・ペーストで増えるＤＮＡ配列

もう一つの可動性因子「トランスポゾン」は、米国のバーバラ・マクリントックが斑入《ふい》りのトウモロコシを用いた遺伝学の研究を通じて発見したものである。トランスポゾンは真核生物だけでなく大腸菌などのバクテリアにも見られ、より普遍的に生物界に存在する。この因子は斑入りアサガオや斑入りのトウモロコシなどの原因になる。

トランスポゾンも自分自身をほかの染色体部位に転移させることができるが、レトロ・トランスポゾンのように「コピー・アンド・ペースト」型の方法ではなく、「カット・アンド・ペースト」型の仕組みで動く。より具体的には、トランスポゾン自身が遺伝子として保持する組換え酵素を用いて、自らのＤＮＡ領域を切り出し、そのＤＮＡをほかの部分に潜り込ませる形で転移するのである。この際にもとのトランスポゾンの近くに存在した遺伝子が一緒に別の染色体部位に移動してしまうことがある。この移動は細胞ごとに起きたり起きなかったりするので、細胞ごとに遺伝子のはたらきが変わる。そのため、花の一部で色が欠損したりして、斑入りの花ができるのである。

トランスポゾンとレトロ・トランスポゾンの大きな違いの一つは、ほかの染色体部位へ転位するまえに、転写・逆転写のプロセスが入っているかどうかである。レトロ・トランスポゾンでは、「コピー・アンド・ペースト」でほかの染色体部位へと移り変わるので、コピー数を増やすことが簡単にできる。そのため、どんどんゲノム中でコピー数が増えていき、多数のレトロ・トランスポゾンが真核生物のゲノムDNAに存在することになったのである。

繰り返しDNA配列がもたらす染色体再編

トランスポゾンやレトロ・トランスポゾン配列は、ゲノムDNA中のあちこちに散在している。この配列を介してDNAのつなぎ替え反応であるDNA組換えが誘発されることで、ゲノム進化に大きな影響が生じることがある。

DNA組換えを起こす際に、似たDNA配列間で相同組換えが起こると、少し前で述べた。この相同組換えを起こす組換え酵素は、数十・数百からせいぜい数千塩基程度の長さのDNA配列を調べ、よく似ているかどうか判断し、相同組換えを起こしている。

そのため、レトロ・トランスポゾンのように一定の長さ（LINE-1, long interspersed nuclear element-1では六〇〇〇塩基対ほど）の繰り返し配列がある場合は、その部分で相同組換えが起こりやすくなる。

実際には、相同組換えのきっかけとなるゲノムDNAの切断が生じると、たがいによく似たレトロ・トランスポゾン配列間でつなぎ替えが起きやすくなる。このとき、まったく異なる染色体部位に存在するレトロ・トランスポゾン配列間で相同組換えが起こると、異なる染色体同士が連結して融合染色体が形成されたり（**染色体転座**という）、染色体の一部が反転（逆位）したりすることになる。

これをもう少しわかりやすいたとえで説明してみよう。人間が作るたいていの映像や文章は、同じカットや表現が何度も出てくることはない。そんな映像や文章は冗長で、出来の悪い作品とみなされるのがオチである。

ところが、ゲノムＤＮＡには頻繁に同じレトロ・トランスポゾン配列が埋め込まれている。ある小説や映画の中に、一定の長さの同じ文章や映像があちこちに埋め込まれているようなものである。

このような冗長な小説や映画を切り刻んで断片にしたとしよう。繰り返し部分に切断があると、断片をつなぎ合わせて復元する作業をしたとき、つなげる部分が一つに定まらなくなる。そのため、まったく異なる部分に映像や文章をつなげてしまう危険性が出てくる。

場合によっては、映画が始まったと思ったらすぐにエンディングなどという状況になりかねない。レトロ・トランスポゾンが多数分布していることで、実際の細胞の染色体ＤＮＡで、このようなことが非常に起こりやすくなっているのである。

反復性の転移因子を糊代《のりしろ》にしたＤＮＡ組換えによる染色体再編成は、がんや遺伝病の原因となっていて、細胞にとってあまり都合のよいものではない。しかし、何ごとも功罪二面性がある。染色体再編成は、新しい種が登場する際、新型の染色体が生み出される過程を促進していると考えられている。

たとえば、いくつかの酵母の仲間で、染色体組成の変化が認められる。これは染色体再編成により新たな種が生まれてきたことを示唆する。興味深いことに、これらのうち多数がレトロ・トランスポゾンを介した染色体転座によって生じたと報告されている。

染色体転座が生殖細胞で生じると、精子や卵の形成がうまくいかず、不妊となるケースも知られている。不妊をもたらす代表的な転座は、「ロバートソン転座 Robertsonian translocation」と呼ばれるものである。

クロマチンとヘテロクロマチン

ここでもういちど、ヒトゲノムの非コードDNA領域に含まれる各配列要素の比率を示した八八頁の図2－8を見てほしい。

ヒトゲノムにはレトロ・トランスポゾンのほかにも、単純反復配列やマイクロサテライトなどの反復性の配列が多く含まれることが見て取れる。レトロ・トランスポゾンを含めると、反復性の配列だけでヒトゲノムの過半を占めることになる。

いったいこれらの配列は何をしているのであろうか。これらの配列要素が染色体転座などの染色体再編成のためだけにあると考えるのは無理がある。これらは単に配列のコピー・アンド・ペーストの残骸にすぎないのであろうか。

注目すべき点の一つは、これらの反復性配列が染色体の正確な分配に必要な「**セントロメア centromere**」や、染色体の末端部である「**テロメア telomere**」（図2－11）に多く見られる点である。これらの領域は「**ヘテロクロマチン heterochromatin**」という凝集した構造を形成しており、DNAが高度に折りたたまれている。

細胞核をもつヒトのような生物（真核生物）では、染色体DNAは剝《む》き出《だ》しの状態で存在しているのではない。「**クロマチン chromatin**」というタンパク質とDNAが絡みついた構造に組み込まれて

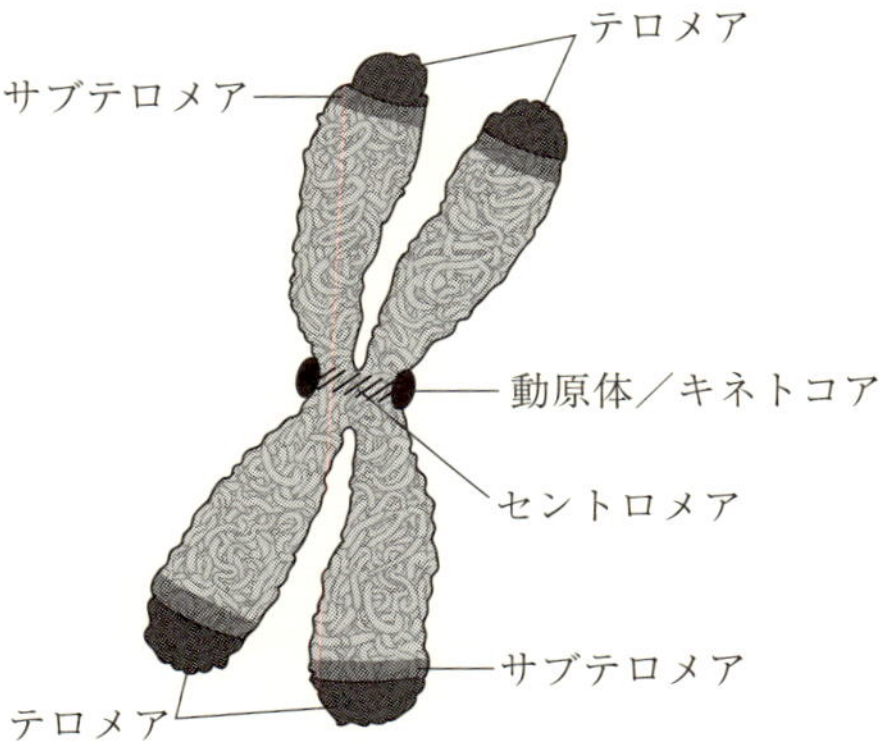

図2−11　セントロメアとテロメア　テロメアやセントロメア近くではヘテロクロマチンという非常に凝縮したクロマチンが存在する

いる。染色体DNAは、クロマチンの中でヒストンというタンパク質が作る円盤状の構造に巻き付いた状態で存在している。

このようなDNAとヒストンからなる基本構造を「**ヌクレオソーム nucleosome**」という（図2－12）。染色体においては、多数のヌクレオソームがビーズの首飾りのように連続的に並んでいる。

このヌクレオソームがおたがいに集合して密集した状態を作ると、遺伝子のスイッチを入れるはたらきをするタンパク質が、狙ったDNA領域に接近しにくくなる。逆にヌクレオソームがおたがいに離ればなれになって、緩んだクロマチン構造をとっていると、遺伝子のスイッチをオンにしたりオフにしたりすることが容易になる。

ヘテロクロマチン領域では、ヌクレオソームが極端に凝縮した状態になっている。クロマチンの凝縮は、後述するエピゲノムの機構によってヌクレオソーム単位で目印が取り付けられることで、制御されている（図2－12）。凝縮したヘテロクロマチン部分の中に存在している遺伝子は発現が強く抑制される。比較的分散して存在しているヌクレオソームが、おたがいに凝縮してドメイン（一四〇

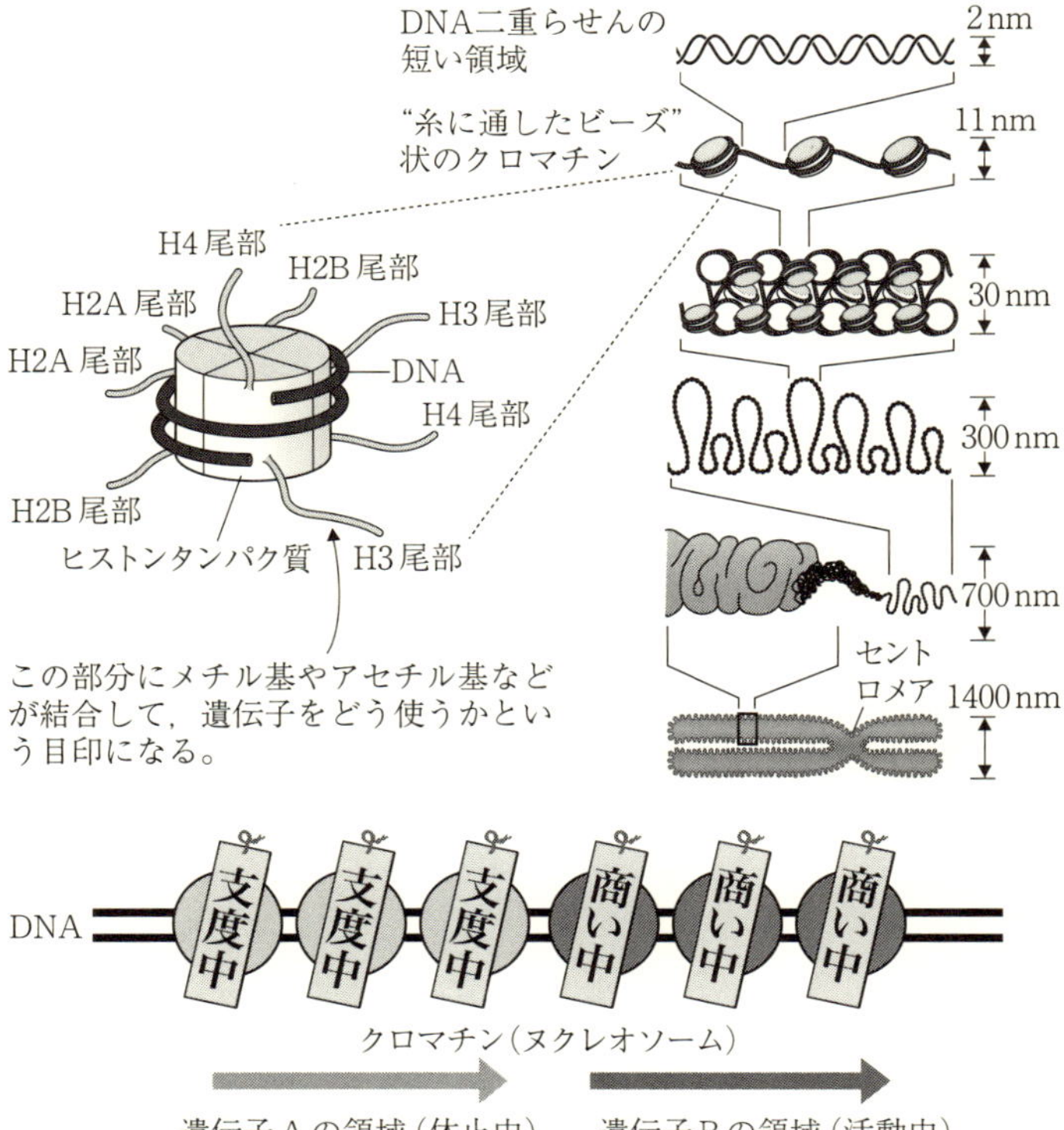

図2-12　クロマチンとヒストンの修飾

頁）を作るプロセスは、物理学や生物学で近年注目されている「**相分離** phase separation」という現象の一つである。相分離により一種のメモリー状態（特定の空間的な配置が固定された状態）が生じるという研究者もおり、ヘテロクロマチン化が細胞核内でエピジェネティック・メモリーの手段として重要な役割を果たしていることと矛盾しない。

ヘテロクロマチンの謎

さて、話をセントロメア、テロメアとヘテロクロマチンの関係に戻そう。

セントロメアにはさまざまなタンパク質が階層的に結合し、「**動原体** kinetochore」と呼ばれる構造が作られる。動原体には染色体を引っ張る綱のようなはたらきをする微小管 microtubule が結合する。つまり、動原体は車を牽引《けんいん》する際にロープを取り付けるフックのようなものである。このフックはしっかりとした堅いボディ部分に設置しておかないと、車を牽引しようとしたときにフックが根こそぎ外れてしまう。セントロメアはヘテロクロマチンの中にあることで、堅い土台を確立し、微小管が染色体をしっかり引っ張ることができるようにサポートしているのである。

もういっぽうのテロメアは、真核生物の線状染色体の末端部にある構造である。テロメアは、二本鎖のゲノムDNAの末端が別の染色体に間違って連結して組み込まれたり、分解酵素の作用などで浸食されたりするのを防ぐシェルターのようなはたらきを有する。ヘテロクロマチンは、テロメアの染色体末端のクロマチンがしっかりと固め、末端の保護機能のためにも重要な役割を果たしている。ちょうど綴《と》じ紐の先端が圧縮されて糊づけされ、紐の先端がバラバラにならないようになっているようなものだ。

なぜセントロメアやテロメアのような反復配列の近くにヘテロクロマチンが形成されるのかについては、あまりよくわかっていない。分裂酵母などのセントロメアでは、反復性の配列でRNAが合成され、これが擬似餌のような誘引分子となり、そのRNAと同じ配列を有するDNA領域にヘテロクロマチンを作るタンパク質が呼び込まれることがわかっている。反復性の配列ではこの反応が何度も繰り返し起こるので、一つの反応が増幅・強化されやすいのかもしれない。

染色体の末端で起こること

実は、前述の線状染色体末端（テロメア）の周辺では、DNA配列の変化が起こりやすい。元来DNAの末端は組換えを起こしやすく、そのままでは別の染色体に融合するなどして、染色体再編成が誘発されやすいからである。

そこで、テロメア領域では、前述のヘテロクロマチンによる保護構造に加え、ループ状の構造を作ったり、保護タンパク質が結合したりして、さらに強固な保護構造が構築されている。こういった保護構造のおかげで、染色体再編成が起こりにくい状態を保っているのである。

テロメアのさらに内側には、「**サブテロメア subtelomere**」という領域（図2－11）が存在する。この部分はテロメアを「川」とすると、「堤防」のような役割を果たしている。

普段サブテロメアは安定的に維持されているが、何かの際にこの部分までDNA分解が進むと、染色体分解の最後の砦《とりで》として保護的な機能を果たすようになっていると考えられる。

大阪大学の加納純子は、分裂酵母のサブテロメアを人為的に欠損させる実験をおこなったところ、サブテロメアの内側の領域（いくつかの遺伝子を含む）にヘテロクロマチンが侵入して、その領域の遺伝子発現に影響が生じたり、環状の染色体が形成されたりすることを明らかにした。

なぜかは不明であるが、興味深いことに、ヒトのサブテロメアには認知機能に関わる遺伝子が多く存在する。この部分に微小な欠損が存在すると、種々の先天的異常を示すことが知られている（サブテロメア微細構造異常症）。この異常は比較的頻度が高く、原因不明の先天性多発性奇形や先天性精神遅滞などの五～一〇％程度を占める。

もう一つの興味深い事例はマラリア原虫の変異である。世界の罹患《りかん》者数が二億人以上といわれ、熱帯で大きな問題となっているマラリアという病気は、マラリア原虫が人間の赤血球に寄生することで生じる。

このマラリアの厄介さもサブテロメアに秘密がある。人間の体には獲得免疫というシステムがあり、外来の原虫などが体内に侵入すると「抗体」というオーダーメイドの対病原体ピンポイント破壊兵器が作りだされ、やがて病原体を無毒化・排除することができる。

ところがマラリアは、体の表面にダミーのタンパク質（表面抗原）を千変万化に発現することでこの獲得免疫系を攪乱《かくらん》し、すり抜けてしまうのである。マラリアには多数の表面抗原遺伝子が存在するが、それらを適宜取っ替え引っ替え発現することで、免疫系から免れているのである。興味深いことに、これらの表面抗原遺伝子の多くはサブテロメア領域に存在しており、しかも非常に高速でＤＮＡ配列が変化している形跡が見られるのである。

ここからは憶測になるが、どうやらサブテロメア領域にある遺伝子は、生存環境に合わせて動的に変化しやすいようである。いわば染色体の中において先導的に変化しやすい領域なのかもしれない。先に述べたとおり、ヒトのサブテロメアには認知機能に関わる遺伝子が多く存在している。このような性質を用いて、ヒトの認知系の遺伝子が高速に進化してきたのかもしれない。この領域のDNAの動的性質は、ゲノム進化を考えるうえで、今後の重要な研究課題の一つであろう。

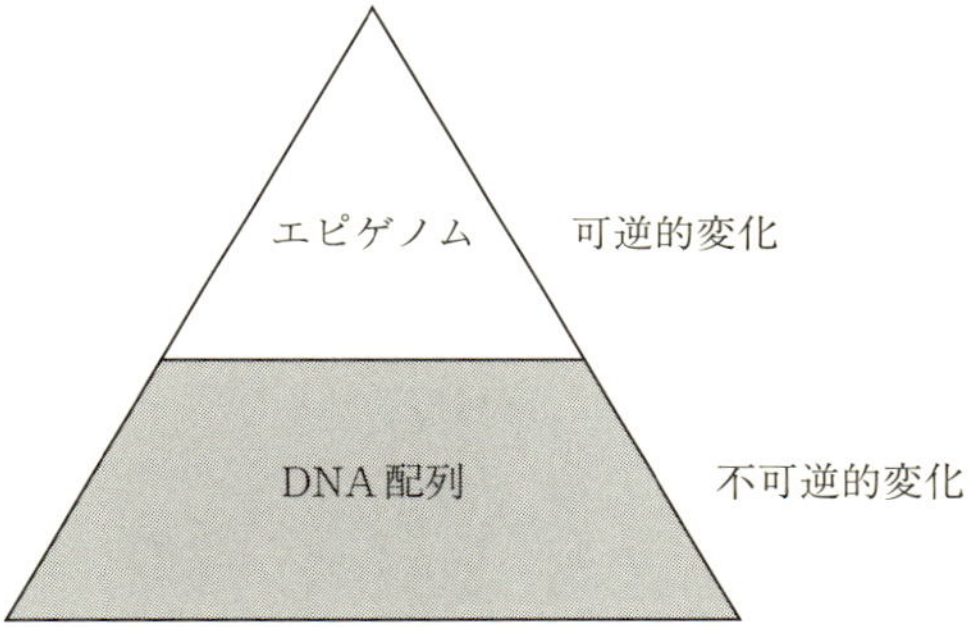

図2−13　生命情報の階層性　基本としてDNAがあり、その上にエピゲノムが重層されている。二重の情報により生命がコントロールされる。

エピゲノム

これまでは「DNA配列レベルの多様性」について議論を展開してきた。次に、DNA配列という基盤階層上に重層される「**エピゲノム epigenome**」というもう一つ上の階層について述べてみたい。生命は、両者の相乗効果でさらに複雑で多様なあり方を実現しているからである（図2−13）。

基盤階層のDNA配列レベルの多様性は、基本的にいちど変化したら後戻りできない不可逆的な変化によってもたらされている。いっぽう、エピゲノムはいちど変化してももとに戻ることが可能な可逆的な変化をもたらす。

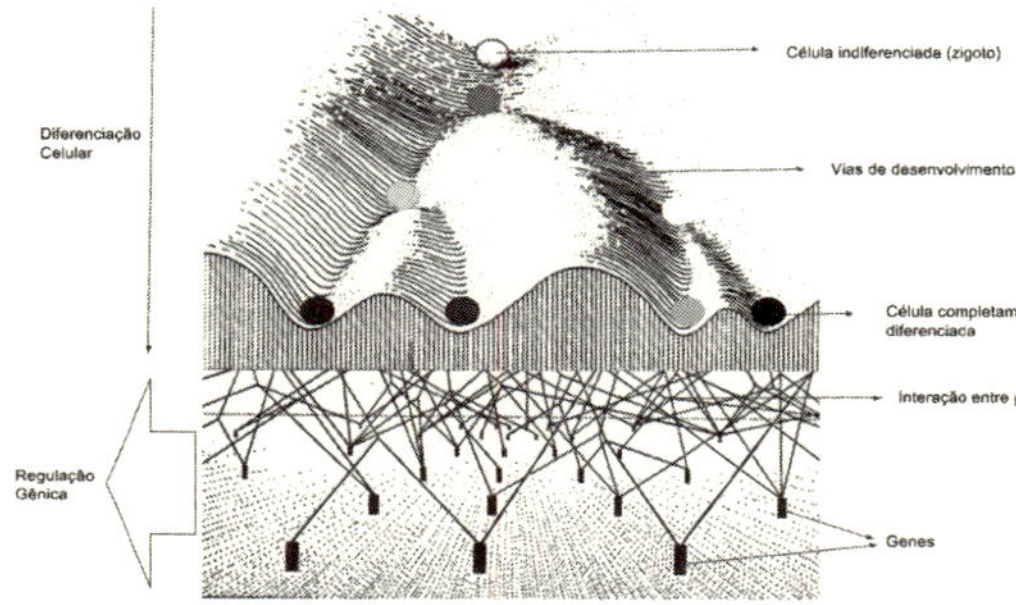

図2-14　ウォディントンの「エピジェネティック・ランドスケープ」　Conrad H. Waddington, https://commons.wikimedia.org/wiki/File:Paisagem_epigenetica.jpg

「エピゲノム」とは、DNA配列の変化を伴わずに、遺伝子の使い方（発現パターンという）を細胞が記憶する仕組みである。一九四二年に英国の発生学者コンラッド・ウォディントンによって提唱された「エピジェネティクス epigenetics」という学問領域の名称に由来する。

ウォディントンは、単一の受精卵から生物個体を構成するさまざまな細胞が生じる発生の過程を、山の頂点では一本の谷筋がふもとに向かう途中で幾筋かに分岐する絵を用いてエピゲノムの概念を説明した（図2－14）。

この絵には、頂点の谷筋に一つのボールが置かれているが、これは受精卵の状態を示している。発生が進むにつれて、このボールが谷筋を下り、分岐したいずれかの谷筋に入りこむ。この分岐した谷筋は、心臓や眼などのさまざまな器官を構成する特殊化した細胞の状態を示しており、そのいずれかにボールが収まることで、細胞の運命が決定すると説明した。つまり、細胞の運命は後天的に決定され、記憶されると説いたのである。

我々の体には、二〇〇種を超える特殊化した細胞（「分化した細胞」という）が存在すると言われている。これら分化した細胞は、それぞれ心臓や眼などの異なる器官を形づくっているが、いずれもその起源は一個の受精卵に由来している。

これは普段は意識していないが、実は不思議なことである。免疫系の遺伝子などのごくわずかな例外を除き、細胞が有するDNAはすべて同じである。つまり、同じDNAを用いているにもかかわらず、心臓の細胞と眼の細胞はまったく異なる性質を示し、その性質は細胞が分裂しても維持されていく。

こういうことが可能になるには、遺伝子の使い方が細胞ごとに記憶され、分裂したのちもそれらのパターンが維持されている必要がある。エピゲノムはこのような細胞記憶を担う重要な仕組みなのである。

ここで注意すべきポイントは、DNAによる遺伝情報と、エピゲノムによって記憶される情報の関係である。

エピゲノムの講義をおこなうと、よく学生から「エピゲノムといってもやはりDNA配列の影響を受けているのではないか」という疑問が投げかけられる。遺伝子発現を制御するDNA配列によってエピゲノムの状態も制御されているので、けっきょく最終的にはDNA配列が制御の要なのではというわけだ。それはたしかにそのとおりではある。だが、すべての現象を排他的な二元論で捉える必要はない。すべて述べたとおり、エピゲノムはDNAの上の階層に生じる二次的な記憶であるので、DNAの支配をある程度受けているのは当然である。

つまり、エピゲノムはDNAに加えて、補完的に記憶を担う役割を果たしている。まずDNAがあってのエピゲノムということで、つまり両者は階層的な関係にあるのである。わかりやすくいうと、

DNAを「裸の人間本体」と捉えれば、エピゲノムは「服」である。同じ人間でも喪服を着ている場合は悲しい雰囲気を醸し出すが、パーティー用のドレスを着ていれば、晴れやかな雰囲気になる。DNAもエピゲノムという衣装を纏《まと》うことで、より多様な状況を作りだすことができるのである（図2－15）。

エピゲノムのメカニズムについてごく簡単に説明しておこう（より詳しい説明は、拙著『エピゲノムと生命』などを参照されたい）。

先ほどのたとえに続けていえば、DNAが着る「服」に相当するのが「クロマチン」（図2－12、九九頁）であり、このクロマチンは主としてDNAとヒストンというタンパク質からできている。エピゲノムの第一の主要メカニズムは、このヒストンにメチル基やアセチル基などの化学的な印がつく「**ヒストン修飾** histone modification」である。もう一つの主要な機構は、DNAそのものにメチル基の印がつく「**DNAメチル化** DNA methylation」である。

これらの機構の重要なポイントは、いずれもが可逆的な（＝もとに戻せる）反応過程であるという点である。つまり、環境状態によって書き込んだり消したりできるわけで、エピゲノムで書き込まれた情報は動的で変わりやすい記憶ということになる。

これに対し、DNAに書き込まれた情報は、すでに述べたとおり、いちど変化したらもとに戻らない不可逆的変化を伴う比較的固定的な記憶といえる。すなわち、比較的静的で変化に乏しい情報に、動的で変化に対応可能な情報を組み合わせて、生命情報が動的かつ複層的に用いられているということである。

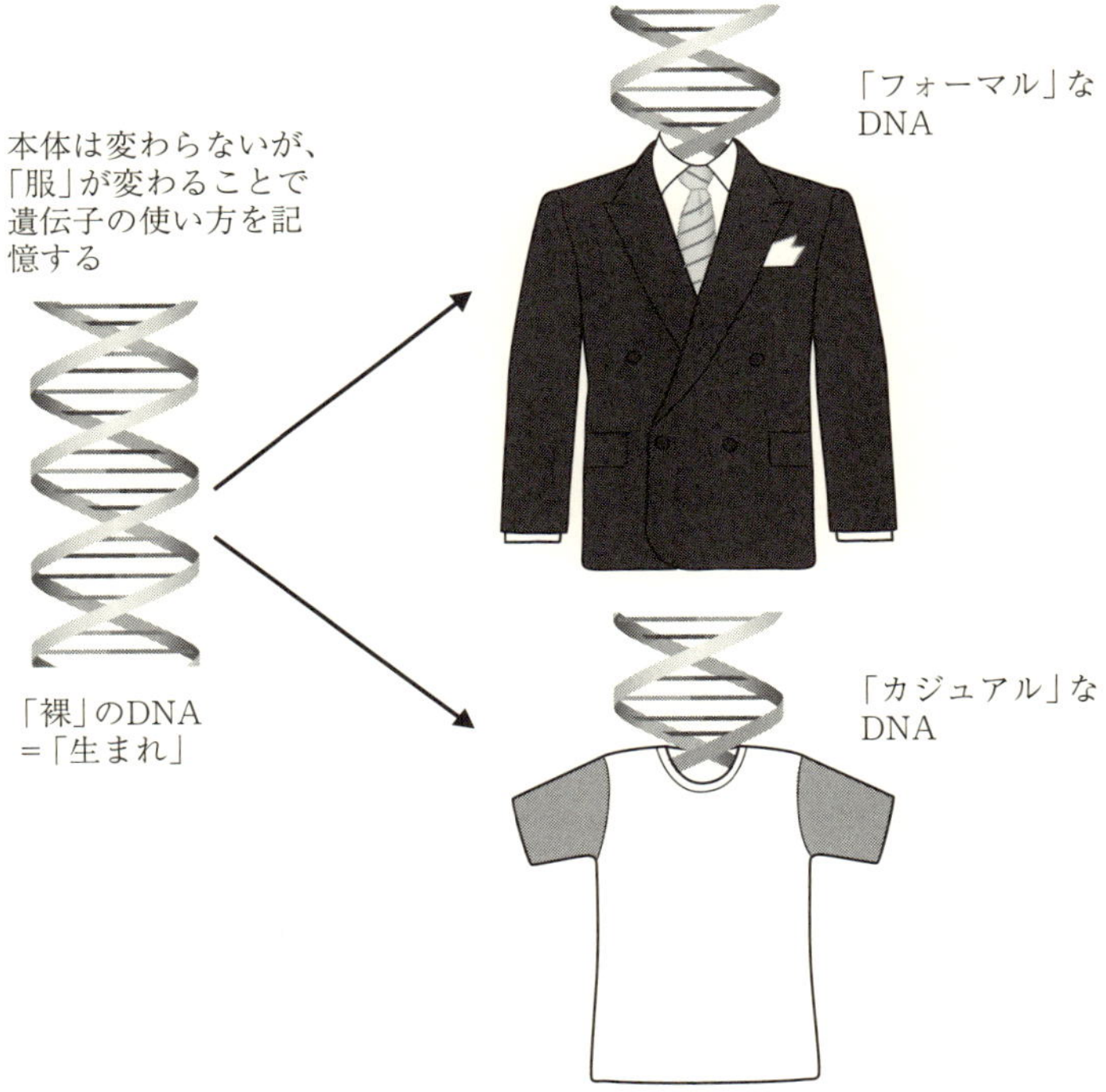

図2-15　エピゲノム=服を着替えるDNA

生物が情報を記憶したり活用したりする際に、エピゲノムとDNAの動的性質の違いをうまく使い分けている。たとえば、一個の受精卵から人体が発生していくときには、免疫細胞などの例外部分を除き、いちいちDNA配列を変化させて対応する時間的余裕はない。しかも、下手にゲノムDNAを変化させてしまうと、がん細胞のようにゲノムDNAの異常により細胞増殖が制御できない反乱軍が出てくる可能性がある。このような場合には、エピゲノムによる情報の柔軟で可逆的な書き込みと記憶がたいへん重要になる。

さらに、人体の中で次世代に受け継ぐ生殖細胞を作る際は、組織に分化した細胞が獲得した特定の細胞記憶を消去して、もういちどいろいろな細胞に変化できるような初期状態に戻す（初期化する）必要がある。エピゲノムは、可逆的変化を伴う仕組みなので初期化が可能であり、この点でも好都合である。

これに対し、何世代もゲノムDNAを正確に継承していく目的としては、簡単に情報が変わってしまっては都合が悪い。そのいっぽうで、進化のためには子孫の遺伝的多様性を生み出して、少しずつDNAに変化をもたらす必要がある。

そのため、生殖細胞という子孫に継承される特別な細胞においてのみ、一時的にDNA配列の変化を引き起こし、DNAを多様化する。これを通じて、遺伝情報の安定維持と多様化による変化という二面性を両立しているのである。

本章では、生命体の情報的存在を物質面で支えるDNA、RNA、タンパク質などの基本的な概念

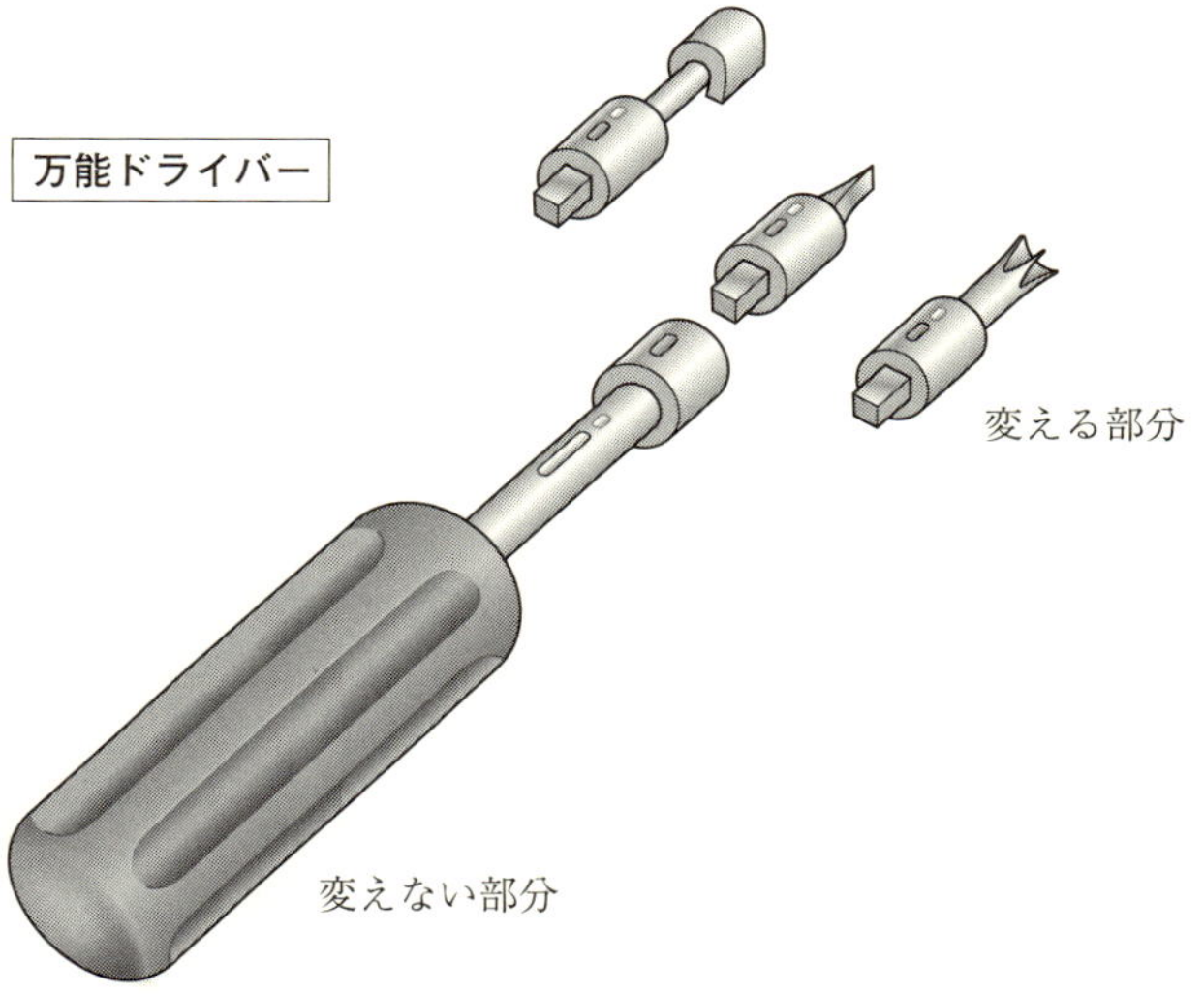

図2-16　変える部分と変えない部分　生物は「変える部分」と「変えない部分」をうまく組み合わせて、環境の変化に適応する

を紹介したうえで、DNA自身が自己多元化能力を有しており、自ら多元化を推進し、変化し続ける性質を保持していることを述べた。次に、エピゲノムという第二の遺伝記憶の仕組みの存在と、そのゲノムDNAを補完する役割について考察をおこなった。

また、ゲノムDNAの大半を占めるタンパク質をコードしない非コードDNAが、生命の進化や複雑性の獲得に重要な役割を果たしてきたことを見てきた。非コードDNAには多くの反復性配列が含まれ、DNA配列の動的性質を高めているようである。これにより、生命体は保守的な遺伝子部分と、革新的な非コードDNAをうまく使い分けて、複雑で多様な機能を獲得してきたのであろう。つまり、生物は万能ドライバーのように「変えない部分」と「変える部分」をうまく使い分け（図2－16）、環境変化に適応して変化し続けるDNAメカニズムをもっているのである。非コードDNA領域はまだ研究がそれほど進んでいないため、今後面白い事実が明らかになってくることが大いに期待できる。

第三章　究極的目的から考える

——強さ《レジリエンス》を生むカオスの縁とゆらぎ

全宇宙という枠組みで生命を捉える

生物学は、文字どおり生物を研究する学問である。

しかし、現在の生物学は「地球生命体という単一の系譜」を分析的に調べているのであり、極論すると地球上の生命体という一例だけを研究対象とした生物学である。その意味で、実は非常に狭い範囲を扱っている学問ともいえる。

いまのところ、地球外生命体の存在は証明されてはいない。しかし、この広い宇宙であるから、地球以外にも生命体がいてもおかしくないだろう。本当に生命らしさを追究する生物学を目指すのであれば、地球外の生命体でも共有している本質に目を配るべきである。

そう考えると、生物学が観察の対象として重視する外見的特徴や物質的な基盤は、本当に生命体全体が共有している普遍的特質かどうか怪しくなる。地球外生命にはＤＮＡとかＲＮＡとかタンパク質が存在せず、別の遺伝物質や機能分子が存在する可能性もあるのである。物理学者たちはこの宇宙がどのような原理でできているかを考えている。であるなら、私たち生命科学者も、宇宙のどこの生命体でももっていそうな普遍的特徴は何かということを突き詰めて考えなくてはならないのではないか。

本章は、これまで生物学が積み重ねてきたさまざまなアプローチを紹介し、いくつかの生命についての基本的な概念について考えながら、なぜ多元性が必要とされてきたのか、「生物の多元性」における究極的で普遍的な目的に迫っていきたい。

「生命体らしさ」を作って調べる

地球外の生命体がどんなものかは予想もつかないが、手元にあるいろいろな物質を用いて人工的に「生命体のようなものを合成」することで、天然の生命体の本質に迫る研究がおこなわれている。

このようなエンジニアリング的（工学的）な発想による探究の手法は「構成的アプローチ」あるいは「合成的アプローチ」と呼ばれ、化学や物理学・工学ではもはや一般的になっている。天然にはなかなか見出せない化合物や元素・機構などを作りだすことで、自然の本質が見えてくることが多々あるのだ。

近年、生命科学においても、**合成生物学** synthetic biology という人工細胞や人工生命体などを合理的に作りだす研究（構成的研究という）が盛んにおこなわれるようになってきている。

もちろん、現在の科学水準では生命体を完全な形で人工的に再構成することはできていない。したがって、構成的研究で得られる合成生命はいずれも何かが不足しているレベルに留まっている。しかし、そのような不完全なものをあえて人間が作りだしていく過程で、生命と非生命の境界がしばしば顕在化してくることがある。

たとえば、人工的な細胞を作った場合、それが本当に生命体のもつ細胞と同等かというと、（少なくとも現時点では）まだまだかけ離れたものである。

しかし、逆に自然界の細胞のどこまで削り込んだら「細胞」でなくなるのか、逆にどこまで盛り込むと「細胞らしさ」が出てくるかという、細胞と非細胞の境界を詳細に検討することができる。

あとで詳しく述べる人工知能の研究でも、脳神経の作動原理をコンピューター上で利用することで、人工的に抽象的概念を生成することに成功している。

このように、複雑なものから構成されている生命現象では、個別の要素に関する分析研究だけでなく、ゼロからの足し算で作り上げていく合成的なアプローチの併用がたいへん有効に作用する。

複雑系——あえて木を見ず森を見る

生命の本質に迫るには、あまり細かい点ばかりに気を取られすぎてもいけない。

構成的アプローチに加えて、近年盛んになりつつある生物研究分野に、**システムズ・バイオロジー**や複雑系生命科学がある。これらの分野は、筆者が専門としている分子生物学とは正反対のアプローチである。

分子生物学は、基本的には「要素還元主義的アプローチ」といって、物事の構成要素をバラバラに分解して、どのような仕組みで生物が作動しているかを明らかにしていく。生物を細かく物質的に理解していく学問である。

これとは異なり、システムズ・バイオロジーでは、細胞の構成要素やそれら個々の相互作用などの細部はあえて見ずに、生命を一つのシステムとして捉える方法論を用いている。「木を見て森を見ない」のではなく、「あえて木を見ず森を見る」アプローチとでもいえるかもしれない。

なぜそのようなアプローチが生命研究に有効なのだろうか。

生命体は、それを構成している部品の数や種類が莫大であり、しかもそれらが絶えず動的に変動しながら相互作用ネットワークを形成している。つまり、個々の要素は決定論的に記述可能であるが、それが複雑なネットワークを構成していて、（ある意味予測不可能なレベルの）巨視的な生命現象が引き起こされているのである。このような系を「**複雑系** complex system」という。

複雑系では、個別要素の動きだけで予測できない巨視的なカオス的現象が生じることがある。このカオス的現象とはどのようなものであろうか。

たとえば、東名高速道路に「大和《やまと》トンネル」「綾瀬《あやせ》バス停」という渋滞の名所がある。この箇所は緩やかな下りから上り坂に転じる位置にあり、ちょうどこれらの場所にさしかかるあたりで意識的にアクセルを踏まないと車速が低下する。「大和トンネル」では、多くのドライバーがトンネルに入る際に警戒心から減速する傾向がある。それでも車が少なければ渋滞は発生しないが、一定以上の密度になると、小さな変化をきっかけに大渋滞の発生という劇的な相転移が起こるのである。

このように、複雑系では、些《さ》細《さい》な初期設定などの違いにより、その後に予測不可能な大規模な変化が生じることがある。これを「カオス的振る舞い chaotic behavior」という。

米国マサチューセッツ工科大学の気象学者エドワード・ローレンツが、気象情報のデータから長期の気候を予測しようとしたところ、わずかな初期値の変化で大きく予測値が変動する現象に出くわした。この予測に用いていた計算式は「決定論的力学系」（先行する事象により初期値が与えられれば、その後の状態が決定する系）のものであり、当然予測が一意に定まると考えられていたので、この効果は驚きをもって捉えられた。

ローレンツは『ブラジルにおける蝶《ちょう》のはばたきは、テキサスで竜巻を起こすか』という題名の講演などでこの現象の説明をおこなった。この講演に因《ちな》んだ「**バタフライ効果**」という言葉は聞いたことのある読者も多いであろう。

大和トンネルの渋滞の場合も、それぞれの車の性能や構造を調べて、車の動きを数値計算して予測することは可能である。しかし、ほんのちょっとの初期値の違いや環境変動により、渋滞という劇的な相転移が起こるのである。

このようなケースでは、個々の車の状態を記述するだけでなく、高速道路の車線数や車速分布・車間距離、ブレーキランプの点灯回数や勾配変化、トンネルの有無などのさまざまな要因を全体的なシステムとして眺め、分析あるいはシミュレーションをすることが重要になってくる。

生物のようなさらに大規模な複雑系は、大和トンネルなどと比べものにならない大きな自由度を有している。細胞や組織レベルで見られる生命現象をはじめ、個体群や社会といったさらに上位階層で見られる現象にも、同じような複雑系特有の現象が多く見られる。

これらは、予測不可能なカオス的振る舞いであるのだが、生物はむしろそれを重要な仕組みとして実装し、巧妙に使いこなしている。したがって、生命現象を解析する場合も、相手が「大自由度をもつ複雑系」であるということをしっかりと認識する必要が出てくる。そのため、種々の観点や変数により多面的に定量し、多くの測定値を入手し、その数値をもとにシステムの全体を把握することが重要である。

これに加えて、検証すべきモデルを設定して数式を用いた数理モデルに落とし込み、いろいろな条件を想定してコンピューター上でシミュレーションをおこない、実際の動きと同じようになるかを検証する。理論的なシミュレーションにより、複雑な生命を動かしている法則性や原理などを浮き彫りにしていくのである。

このようなシステム的アプローチがとくに有効に機能する事例として、周期的に変動する生命現象が挙げられる。たとえば**概日周期**（サーカディアンリズム circadian rhythm。おおむね一日二四時間という時間のサイクルが体内で認識される仕組み）や、背骨などの周期的ボディ構造（同じつくりが繰り返される構造）の構築などである。

システムとして眺める場合も、個別の分子の機能がわかっているほうが、より格段に詳細で正確な議論ができるのはもちろんのことである。したがって、生命現象の理解において、システム的アプローチに対して要素還元主義的研究が劣っていると言いたいわけではない。これらをうまく両輪として活用すると、より深い理解に至るということである。

さて、これまで構成的・システム的アプローチ（＝作って考える）という手法について理解してもらったところで、いよいよこれから、生命の普遍的かつ欠くべからざる重要な特質とは何かということを考えていきたいと思う。

以降、他分野の話題が少なからず登場し、本書の意図が見えにくくなる可能性がある。そこで、この段階で本章のエッセンスをあらかじめ示しておく。それは、生物は複雑系ネットワークとして作動し、自己組織化によって形づくられていくものであること。また、「生と死」という反復可能な離散的自己増殖サイクルを有し、その過程で「ゆらぎ fluctuation」を生み出す存在であること。そして、ゆらぎによって生じた多様性の中から、環境に応じて最適な存在を模索し続ける演算機械・コンピューターのような存在と捉えられることである。では、もう少し詳細にその内容を見ていくことにしよう。

自己増殖性・自己組織化能

生物の重要な特質といえば、まず「自己増殖性 self-replication ability」や「自己組織化能 self-organizing ability」を挙げる人が多いだろう。生物は自ら勝手に組織化される。また、生物はどれも寿命があり、長い年月存続するためには後継者を生み出す必要がある。

いくら美しくて高性能の生命体ができたとしても、それが一代限りで消滅してしまうのであれば、世の中に溢《あふ》れかえる工業製品とあまり変わらない。生命体はそれ自身の分身、あるいは派生体を自己組織化し、さらに自己増殖させることで、物体としての寿命をのりこえ、永続性を獲得する。この特性は、地球外の生命体であってもおそらく保持されているであろう。

自己増殖性や自己組織化能は、地球生命体の基本的要素であるＤＮＡや細胞の構造に根源的に組み込まれている。前章でみたとおり、ＤＮＡはたがいに相補的な情報をもつ二本のＤＮＡ鎖が二重らせん構造をとっており、それぞれを鋳型にコピーを容易に作りだせる構造をしている。そのため、細胞も巧妙な細胞分裂の仕組みにより、自分のコピーを効率的に作りだすことが可能である。つまり地球生命体を構成している部品は基本的にコピー可能になっているのである。

このように、自己増殖性や自己組織化能は、生命を構成する物質に備えられているのが合理的である。そのように考えると、地球外生命体も構成物質にコピー可能性や自己組織化能を保持していると期待できるのではないか。

自己組織化やコピー可能性が重要ということをいくら言葉を重ねて説明しても、わかりにくいと感じる人も多いだろう。そのような方々には、「YouTube」で「ロボットは自己複製できるか?」という動画をご覧いただきたい。むにむに氏が作製した、DNAを模したような自己複製・組織化するマシンをコンピューター・グラフィックスでシミュレーションしているものだ。これを観ると、自己複製や自己組織化という営みのイメージがつかみやすいと思う。

図3-1　ロボットは自己複製できるか?／物理エンジン
https://www.youtube.com/watch?v=ML_Wb8TFaPM

この動画には、それぞれ丸い玉のような赤と青の二種類の車が登場する。いずれの車にも折りたたみ可能な連結装置が水平方向両サイドに二つ、進行方向に固定的な連結器が一つついていて、この固定的な連結器で異なる色の車同士のみが連結できる。

ただし、この固定連結器は単体の車同士では連結することができず、少なくともどちらかは隣に別の車が水平方向の連結器によって結合している必要がある。

また、水平方向の連結器は単体でいるときは格納されているが、固定的連結器で赤と青が連結すると、相手側の車の水平連結器の伸びている方向と鏡像対称方向に水平方向の連結器が進展し、隣に車を連結できる状態になる（水平方向連結器にはどちらの色の車もつながれる)。

そして、固定連結器で赤と青が結合し、さらにその両者の車の隣に別の車が連結する状態になると、中央の固定連結器が解除され、分離される。

このような条件のもと、多数の赤と青の車を配置し、さらに連結の種として数ユニットは水平方向ですでにつながった状態の連結体を置いておく。そして、全体に分子運動のような動きを与えると、種の連結体を鋳型にして反転した連結体が形成され、それがさらに鋳型になってオリジナルの種と同じ連結体が複製される。

つまり、この動画は、DNAを構成するヌクレオチドと同じような構造的特徴をもたせておくと、それだけで自己増殖的な物質を作りだすことができるということを示しているのである。言い換えると、ヌクレオチドと同じ要件をもっている物質があれば、DNAと異なる遺伝物質が宇宙に存在する可能性もあるということだ。

セル・オートマトン

このように、自己増殖性や自己組織化能という問題を論理的モデルで考察すると、いろいろと興味深い本質が見えてくる。

たとえば、ゲーム理論や現在のコンピューターの原理であるノイマン型コンピューターを生み出した数学者ジョン・フォン・ノイマンと、モンテカルロ法を生み出したスタニスワフ・ウラムが考え出した「**セル・オートマトン** cellular automaton」の例がある。

オートマトンというのは「自動機械」という意味で、ある一定の決まりで自動的に動き続ける空想上の機械のようなものである。実際には機械というほど具体的なものではなく、「セル cell」（細胞）と呼ばれるマス目が一次元（直線）や二次元（平面）に広がっただけの抽象的な世界で動くものだ。

この抽象的な機械であるセルは、白（□）か黒（■）か、いずれか二種類の状態として存在している（例外はない）。数学的にいえば「0」か「1」のみである。以後、白＝0、黒＝1ということを覚えておいて欲しい。この状態は、時間が経つと変化をしたりしなかったりする（白のセルは、黒になるか白のままであるか、いずれかとなる）。

そして、このセル・オートマトンの世界での時間は、ちょうど歯車が動くように、カチッカチッと区切られた単位（ステップ）で進んでいく。だから、セルのある状態（たとえば白）から次の状態（黒もしくは白のまま）への変化は、一ステップ単位で分離して起こる。このセルの状態変化を「遷移」という（また、こうした単位時間による変化の仕方は「離散的な変化」という）。

また、これが重要なポイントだが、セルがどう遷移するかは、そのセルを取り囲んでいるセルの状態と、あらかじめ定められたルールに従って決まる（このルールは「ローカル遷移関数」と呼ばれる）。

さて、このようなセル・オートマトンの基本的な考え方をふまえて、もっとも簡単な一次元の（＝セルが一列だけある）セル・オートマトンを実際に見てみよう（図3－2a）。

セルが次のステップ（時間単位）でどう遷移するかは、取り囲んでいるセルの状態によって決まるのであった。一次元の世界では、両隣のセルによって決まることになる。遷移するセルと、その両隣のセル、その三つのセルの組み合わせは、2×2×2=8通りとなる（言い換えれば、この八通りしかな

表3-1　「ルール90」の遷移則

現在の時刻tの三連セルの状態	ルール：次の時刻$t+1$に中央のセルをこれに変換
000　□□□	0　□
001　□□■	1　■
010　□■□	0　□
011　□■■	1　■
100　■□□	1　■
101　■□■	0　□
110　■■□	1　■
111　■■■	0　□

い）。

表3－1の左の列がその八パターンだ。では、パターンごとに、セルはどう遷移するのか。そのルールは、全部で2^8＝二五六通り存在しうるが、ここではそのうちのひとつ、「ルール九〇」を採用しよう。この表は、そのルール九〇を一覧にしたものに他ならない（ちなみに、表右側の数字を横にならべると「01011010」となる。これをひとつの「二進数の数字」として読むと九〇となる）。

ここで、図3－2aの中央にひとつだけ黒になっているセルについて、次の時間ステップにどう遷移するのか見てみよう。この黒セルの両隣はどちらも白＝0なので、表の三行目、白黒白＝010に該当する。この行の右側によれば、010のとき中央セルは0に変換されるルールだ。だから、この黒セルは次のステップで白に遷移する。

なお、ここで注意したいのは、両隣のセルはあくまで中央のセルの遷移を決める条件にすぎないということだ。両隣それぞれのセルがどう遷移するかは、同じようにそのセルの両隣のセルによって決まる（たとえば、さきほどの左隣のセルについて見ると001となる。表によれば、次は黒に遷移する。同様に、さきほどの右隣のセルは100、これも黒に遷移する）。このようにして、図3－2aのすべてのセ

図3－2a

図3－2b

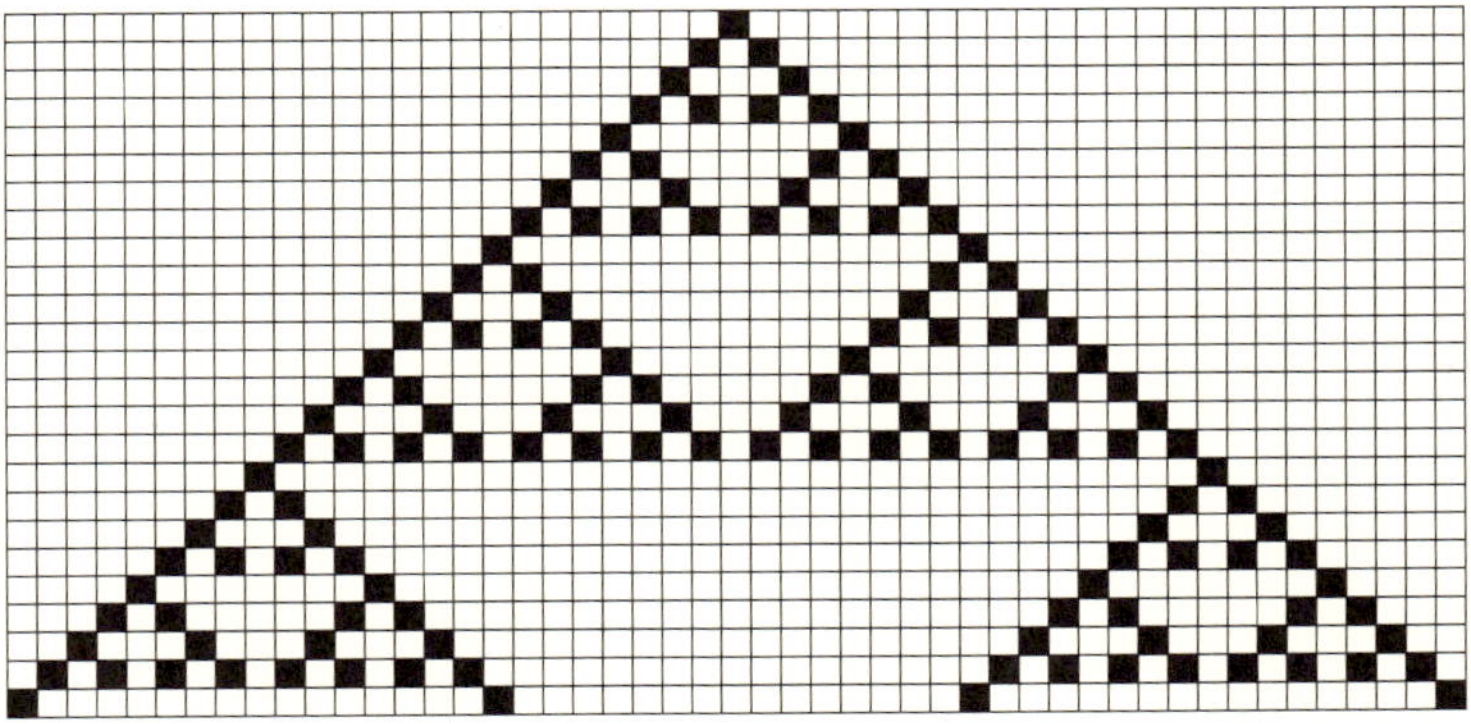

図3－3　シェルピンスキー・パターン　*ルール90のセル・オートマトンによって生成される*

ルを表3－1（ルール九〇）に従って遷移させると、**図3－2b**のようになる。

さらにステップを進めて、その段階ごとの状態をどんどん下に書き加えていこう。すると、**図3－3**のようになる。この、なにやら意味ありげな周期的な模様は、「シェルピンスキー Sierpiński」パターンと呼ばれている。[*1]

ライフゲーム

一次元セル・オートマトンを平面（＝二次元）へ発展させたものが「**ライフゲーム**」である。これは、英国の数学者ジョン・ホートン・コンウェイにより一九七〇年に考案された生命模倣モデルだ。

このゲームは画面上が碁盤の目のようなマス目（セル）で埋め尽くされており、ひとつひとつのマス目は「黒」か

「白」どちらかの状態になる（黒を「alive生」、白を「dead死」とみなす）。そしてこれらのセルがセル・オートマトンと同様に、ステップ時間ごとに変化していくという「ゲーム」だ。

ゲームの初期状態でまず適当に画面上に何か模様を描き（＝マス目の白黒を適当に設定する）スタートすると、ステップごとにマス目の色が変わっていく。変化のルールは、ある一つのマス目の周囲にある八つのマス目の状態（表）によって中央のマス目が次の段階で生きるか死ぬか（黒になるか白になるか）が決まる（表3-2）。

表3-2　「ライフゲーム」のセルの生死を決定するルール

誕生	「死」状態のマス目の周囲に「生」状態のマス目が3つ存在したとき、次の世代でそのマス目は「生」状態になる
生存	「生」状態のマス目の周囲に「生」状態のマス目が2つか3つ存在するなら、次の世代でもそのマス目は「生」状態になる
過疎	「生」状態のマス目に「生」状態のマス目が1つ以下しか隣接しないときは、そのマス目は（寂しくて）死ぬ
過密	「生」状態のマス目に「生」状態のマス目が4つ以上隣接していると、そのマス目は次の段階で（過密状態により）死ぬ

なお、ライフゲームを含むセル・オートマトンの基本的性質として、以下の特徴があることには注意が必要である。

①均一性：すべてのセルの状態変化は同一の規則による
②同期性：すべてのセルの更新は同時におこなわれる
③局所性：セルの状態変化は局所的におこなわれる

これだけの簡単なルールをソフトで設定しておき、先に述べたように任意の初期画像を描いてプログラムをスタートさせると、やがて図形がルールにしたがって形成・消失・変形していく。

この過程で、同じ状態を保つパターン（「ブロック」）、周期的に変化するパターン（「ブリンカー」）、「グライダー」のように移動するパターン、「グライダー銃」（図3－4）や「シュッシュッポッポ列車」のような自己増殖するパターンなどが自己組織化されて生まれてくる。

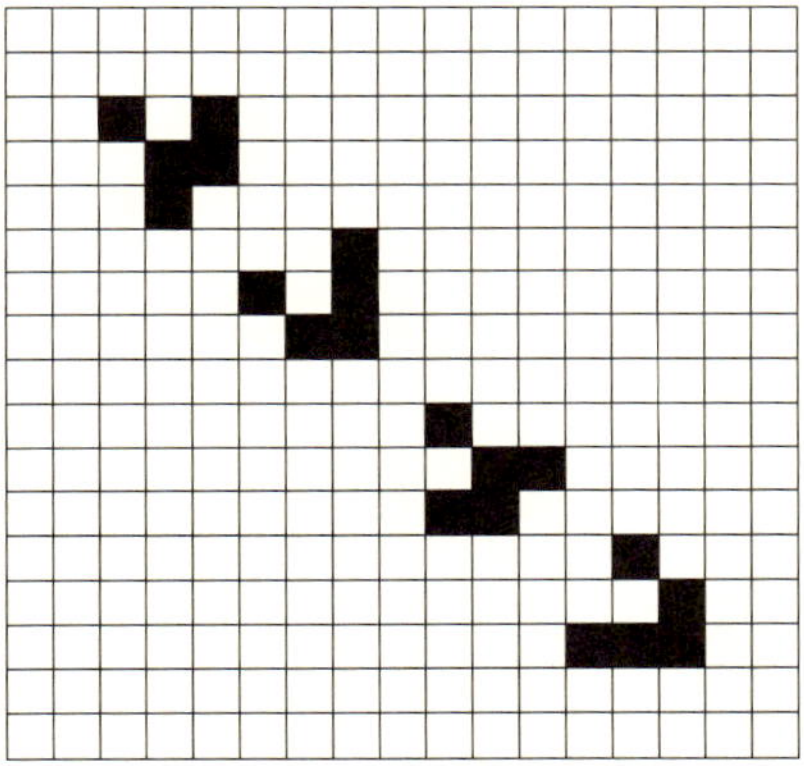

図3-4　グライダー　左上のものが変形しながら移動する

パターンには寿命があるものと、ないものがあり、『ダイハード』というブルース・ウィリス主演の映画のような名前のパターンは一三〇世代生き続けて死ぬ。……と、文章でいくら説明してもわかりにくいと思うので、ここでまた「YouTube」の動画を見てほしい。「epic conway's game of life」というタイトルで、Emanuele Ascaniが作った動画（https://www.youtube.com/watch?v=C2vgICfQawE）を見るとイメージがつかめると思う。

あるいは、実際にライフゲームを実行するソフトをダウンロードして自分のパソコンで走らせてみるのもよい。ライフゲームを実際に動かしてみると、生命の誕生・増殖・滅亡・進化などに似たプロセスをコンピューター画面上で見ることができ、あたかも自分が創造主になって地球に生命体を作っているのではないかという錯覚に陥る。このゲームソフトの実験で重要なことは、ある系に一定の法則性や局所的な規則を与えることで、論理的に生物を模した自己増殖性が創発できるということである。

カオスの縁

生物的な自己増殖性や自己組織化がもっとも効率的に出現する状況はどのようなものだろうか。これに関して「**カオスの縁** edge of chaos」という概念が重要である。

一九八三年、数学ソフト「マセマティカ Mathematica」の開発者でもある英国の物理学者ステファン・ウルフラムは、一次元のセル・オートマトン全種を分析し、四つのクラス（ウルフラムクラス）に分類できると報告した。それは以下のとおりである[*2]（表3－3）。

この四つのクラスのうち、クラス1とクラス2は新しい状態を生み出すことがないのであまり面白くない。ただ、クラス2については、一部のデータ群のみを保存し、その他を無効化するセル・オートマトンがある。これは、画像圧縮技術には有用である。クラス3はカオス的すぎて、何か生命的な存在を生み出すことが不可能な状態である。

それに比べ、興味深いのが第四のクラスである。ウルフラムやクリストファー・ラングトンによると、このクラスのセル・オートマトンは秩序とカオスの間をさまよっており、ノーマン・パッカードの命名を用いれば「カオスの縁」に存在するとされる。

クラス4は、計算万能性（計算可能な過程をすべて実行できる能力）を有している（「万能**チューリン**

表3-3　ウルフラムによるセル・オートマトンの分類

クラス名	類　型	詳　細
1	**均一化型**	すべてのセル空間が同じ状態（すべて白とか黒）に移行し、以後変化しないパターン。安定で固定的な収束状態に落ち込み、不可逆的な発展をする。
2	**周期型**	変化が一部に限局化し、縞《しま》模様などの周期的パターンを示す。
3	**非線形カオス型**	多数の三角形がランダムに生成し、全体に展開するタイプ。カオス的で初期値鋭敏性が高い。
4	**非線形複雑型**	局在的な構造が生成され、セル空間内を移動し、相互作用をする。ランダム状態と周期状態をさまよっているようなパターンを示す。

グ・マシン universal Turing machine」[*3]［図3－5］という）。この状態は、情報の保持と変換、それらの相互作用が可能になっていて、複雑な計算が可能な複雑系になっている。前述の「ライフゲーム」は計算万能性を有する平面上のセル・オートマトンであるが、このクラス4に属しており、これを用いることで実に多様なパターンが生成できる。

このようなセル・オートマトンのクラスを判定するための定量的数値（パラメーター）が提唱されている。「人工生命 artificial life」ということばを生み出した米国のクリストファー・ラングトンは、セル・オートマトンの計算可能性・カオス性の尺度としてラムダ（λ）・パラメーターという情報量を考案した。各セルの状態数kを用いると、λが0から$1-1/k$に増大するにしたがって、下記のようなクラスの大まかな移り変わり（遷移）が見られる。

クラス1→クラス2→クラス4→クラス3

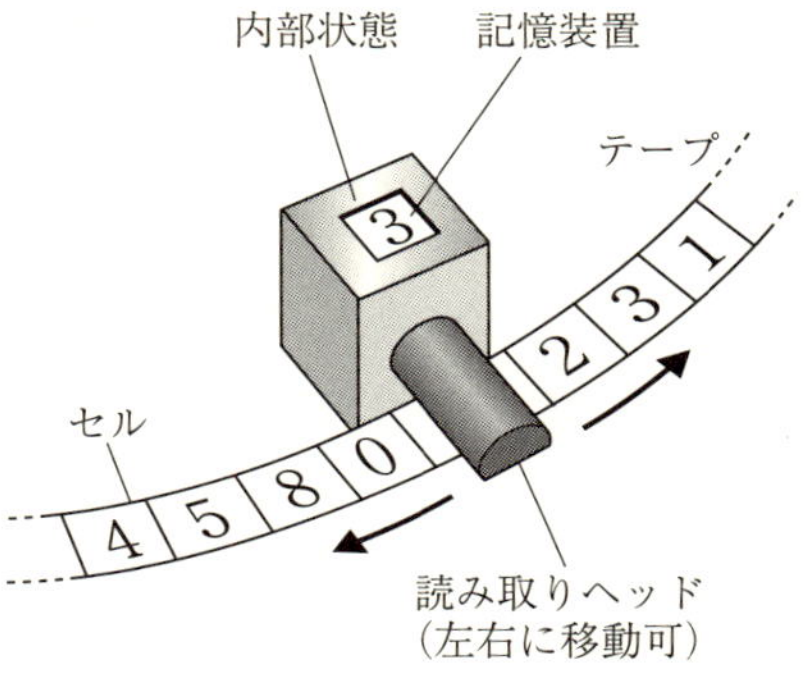

図3-5　チューリング・マシン　読み取り（read）、判断／計算（calculation）、書き換え（write）の工程を含む自動機械（オートマトン）。読み取ったテープ上のセルの情報と、そのときの記憶装置の内部情報から定められたルール（機能表）にしたがって、内部情報・テープのセル情報・ヘッドの移動方向が決定される。この動きを停止するまで実行する。

興味の対象であるクラス4は、クラス2とクラス3の境界部分に存在している。この境界部分が「カオスの縁」である。

ラングトンは、生命体とはこのようなカオスの縁に存在しており、クラス4のセル・オートマトンのような計算万能性を発揮して、独自の複雑で創発的なパターンを生み出し、複製・継承していくのだと考えた。

これをもう少しわかりやすく説明してみよう。

クラス1のセル・オートマトンのような生命体は固定的で変化をせず、環境変化に適応できず死に絶える。

クラス2型の生命体では、決まった枠内の周期性しか出てこないので、変化が限局的すぎ、多様な生物が生まれてくるには不足である。

クラス3ではランダムすぎて発散しすぎてしまい、秩序をもった存在に収束しない。

このクラス2の秩序性とクラス3のランダム性をうまくミックスさせた状態、つまりクラス4が、もっとも多様な生命体が生まれやすいと考えるのである。多様な生物が生まれるためには、乱雑すぎても、秩序がありすぎてもいけないということだ。

セル・オートマトンの研究は、情報の演算という観点から生命を眺め、その自己増殖性・創発性・進化能・自己組織化能といった特質が、比較的単純な法則性・規則を設定するだけで生成してくることを示した点で、たいへん意義深い。

「カオスの縁」という概念で生命のすべてが説明できるかどうかは批判もあるが、生命体が厳しい規則にがんじがらめになっているわけでもなく、また何でもありの乱雑さに身を委ねているわけでもない、という考えは直感的にも理解しやすいだろう。

進化する能力

ここまで、「生命らしさとは何か」について、抽象化したライフゲームの話を用いて、生命体がおこなってきた「演算の反復」とその手段・結果としての「複雑性」について述べてきた。

これは、もう少し生物学のことばで表現すると、「進化 evolution」ということになる。進化は長い時間スケールで進行する生命現象である。人間の一生は、一人一人の人間にとっては長い期間と感じるが、地球や宇宙の歴史から見るとほんの一瞬にすぎない。地球上の生物の歴史も相当に長い時間スケールである。そういった長いスパンでの生命の成り立ちを眺めてみたとき、生物は着実に環境に適応して変化し、また多様化している。したがって、生命体らしさを議論する際に、どうしても「進化」という概念について述べなくてはならないだろう。

生命進化を最初に理論体系化したのは、チャールズ・ダーウィンとアルフレッド・ウォレスである。ダーウィン以前は、生物は固定的で変化のない存在と捉えられていたので、進化理論の登場は生物学にとってのコペルニクス的転回であったといえる。それ以降、進化論は生物学において重要な位置を占め続けている。ロシア生まれの進化学者テオドシウス・ドブジャンスキーは、一九七三年に「進化を考えない生物学は意味をなさない（"Nothing in biology makes sense except in the light of evolution."）」と述べているほどである。

ダーウィンが進化概念を打ち出した『種の起源』は、固定的な生物観が主流だった時代に書かれた。そのため、従来の考えを打破することにかなりの力点が置かれている。加えて、当時はメンデルやモーガンらによる遺伝の概念の確立以前の時代であるため、どうしても理論的に不完全な部分が残っていた。

こういった理由により、『種の起源』を現代の視点で読むと若干理解しにくいのである。とくに、ダーウィンは「種」を離散的で区別可能な存在でなく、「連続的な進化の過程における現在の一点」であると主張しているため、後述する「**自然選択** natural selection」と「種分化 speciation」が明確に区別されずに記述される傾向があった。[*4] 本書ではダーウィン理論の中核をなす「自然選択」の基本概念に絞って、解説をおこなう。

自然選択では、「変異 variation」によって生じた異なる遺伝子のセットをもつ複数の生物集団が、一定の環境のもとで生存したり、増殖したりする状況を考える。その環境下において、もっとも効率よく増殖できる生物集団は、時間の経過とともにその環境下で数を増やし、その性質は子孫に受け継がれ、世代を経るごとに主流派になっていくだろう。この過程がさらに進むと、環境に適応できなかった生物集団は縮小・絶滅し、適応した形質を有する集団が優先的に繁栄する。

しかし、生物にとって究極的な「最善の性質」が獲得されるのではない。あくまでも相対的に現時点での環境に適した性質が得られるだけである。

というのも、生物を取り巻く環境というのは絶えず変動しており、一時的に環境に最適化しても、環境変化によりそれまでの利点が欠点に逆転することがあるからである。このような環境変化の逆転があれば、進化の方向性も逆転し得る。さらには、環境変化がなければ、生物集団の平均的性質もずっと維持され、変化しない状態が維持されるということもあり得る。

いずれにせよ、生物集団の平均像の変化が、自然の環境変化によって動的に支配・制限されていくのである。ダーウィンはこの過程を「自然選択」と呼んだのである。なお、自然選択の対義語は「人為選択 artificial selection」である。ダーウィンが自然選択の概念を思いついた背景に、ハトやイヌの人為的な選択による品種改良、つまり人為選択があったと考えられる。実際『種の起源』は人為選択の話からスタートしている。

自然選択の要件

ダーウィンが考えた自然選択のメカニズムは、『種の起源』で示された以下の四つの要件と、明示されていない一つの要件を含む。

第一は、「変異」によって生じる表現型 phenotype の変化である。

変異により異なる表現型をもつ複数の生物集団が生じる。表現型とは遺伝情報によって決まる現前的な性質で、身体《からだ》の形態的特徴であったり、運動能力や内臓の機能であったり、さまざまである。個体間に変異による差異が生じるがゆえに、異なる環境下における個体間の生存確率や増殖効率に差が生じ、それによって自然選択がおこなわれていくと考えたのである。すなわち、生物が常に多様な表現型（表現型のゆらぎ）をもつことが、進化が実現するために必須な要件となっているのである。

第二は、すべての生物は過剰数の子孫を残そうとするという「増殖」の問題である。ダーウィンはトマス・ロバート・マルサスの『人口論』を読んで、自然選択理論へのインスピレーションを得た。マルサスは、人口は指数関数的に増大する（比率レベルの増大）が、食糧資源の生産量は算術級数的（定数的、一定数ずつの増大）にしか増大しないので、やがて人口が過剰になり資源の争奪が生じるようになると推論した。

これと同じように、生物がどんどん増殖すると、その生育空間に存在する資源が絶対的に不足することになる。ダーウィンは、生物界ではこのような根源的な不足状態を防ぐ仕組みがあると考えた。それが「自然選択」である。つまり、与えられた環境条件の競合による他者の排除を通じて、資源の不足が回避されていくと考えた。自然選択を引き起こす具体的な現象としては、類似した性質をもつ生物間の競合、ほかの生物による捕食や、病原体による死滅、あるいは集団的な移動行動などがある。

第三の要件は、変異による差異が、その個体が与えられた環境下で増殖する速度（「適応度」とか「フィットネス fitness」と呼ばれる）に影響するという点である。

たとえば、シロクマと茶色いクマでは、北極の氷上での目立ち方に雲泥の差が出るが、これはアザラシなどを捕獲する際に見つかりにくいか、見つかりやすいかという生死を分ける影響をもたらす。このような差異は、進化過程の当初は小さいものであるかもしれないが、適応度に影響する場合には徐々に顕在化していくことが予想される。

つまり、多様な生物種の存在とは「差異の体系」であると捉えられる。後述するが、これは言語学者フェルディナン・ド・ソシュールが指摘した言語の本質と共通性があり、興味深い（この点については第五章であらためて掘り下げて議論する）。

第四は、これらの変異が次世代に遺伝的に継承 genetic inheritance されるということである。生物が与えられた環境に適した性質を有していても、それが一代限りで失われるようでは、次世代の個体の増殖に関してはすべてが振り出しに戻り、進化という継続的な時間的変化は断ち切られてしまう。次世代への遺伝があるがゆえに、世代を経るごとに自然選択の効果が蓄積し、顕在化してくるのである。

つまり、自然選択の概念において、まずは「変異・多様性」、次いで「増殖・適応度」、「次世代への遺伝」という繰り返し可能・反復可能な離散的サイクルが非常に重要な意味をもっていることがわかる。

これらの要件については、前項のクラス4のセル・オートマトン、つまり創発性を有する万能チューリング・マシンによって容易に実現可能である。つまり、生物は「進化能をもつ複雑系オートマトン（あるいは、万能チューリング・マシン）」と考えることが可能である。

老化と死の意義

以上が、自然選択の要件としてダーウィンが想定した四要素であるが、明示的に書かれていないもう一つの重要な要素がある。それは、個体の「老化 aging/senescence・死 death」、そして「世代交代 alternation of generations」である（なお、ダーウィンは、「絶滅」の重要性を指摘しており、「死」にはもちろん注意を払っている）。

生物を考える際、「生きている状態」に目が行きがちであるが、「死ぬ」ということが生命の継続的存続には不可欠な要素である。あらゆる生物は誕生し、繁殖し、老い、そして死ぬ。そして、新たな可能性を次世代に託して、不連続に個体を更新していく。この「生と死の離散的プロセス」が、諸々《もろもろ》の生命体の発展にたいへん重要な役割を果たしている。

生物は確実に死を実現するために、時限装置のような生命タイマーを用いる。前章で紹介した、細胞核を有する生物（真核生物）の染色体末端に存在する「テロメア」がその例である。

真核生物では、ゲノムDNAは数本から数百本の線状の染色体DNAに分断されている。つまり染色体DNAには「末端」が存在する。大腸菌のようなバクテリアでは、染色体は環状に閉じており末端は存在しない。前述のとおり、この端の部分がテロメアである。

この領域には短い繰り返しの配列が存在するが、DNA複製のもつ根源的問題（末端複製問題[*5]）により、細胞分裂ごとに端が削られていき、次第に染色体が短くなる。テロメアが過度に短くなると、染色体の融合や環状化などの染色体異常が頻発するようになり、細胞機能が失われて細胞死や増殖停止が引き起こされる。

一九六一年、米国のレオナルド・ヘイフリックは、人体から細胞を取り出して血清や培養液とともにシャーレなどで培養すると、しばらくは元気に分裂を続けるが、やがて細胞が老化状態（たいていは平たくなる）になり分裂しなくなることを見出した。この分裂回数の上限は、細胞を採取した個体の年齢に依存する。このような細胞増殖を停止するまでの細胞分裂回数を「**ヘイフリックの限界 Hayflick limit**」（図3－6）という。

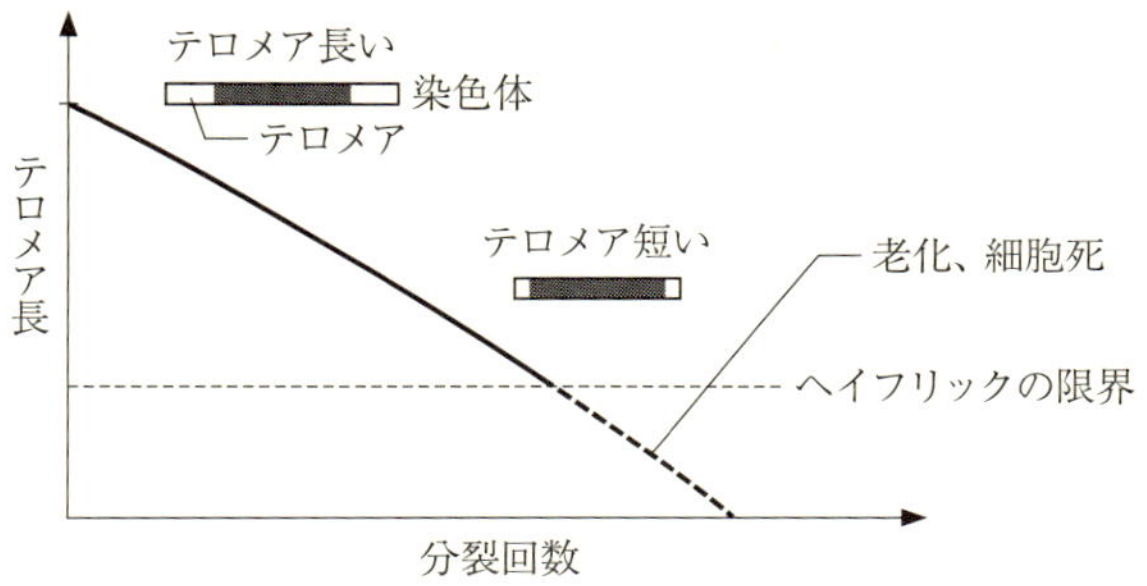

図3-6　ヘイフリックの限界

ヘイフリックの限界が生じる理由にはさまざまな説があるが、有力な一つの可能性は細胞分裂に伴うテロメアの短縮である。分裂回数がヘイフリックの限界を超えるころに、テロメアが染色体を正常に維持できないレベルまで短くなっていると考えられている。

また、個々の細胞には「**プログラム細胞死**（アポトーシス apoptosis）」という仕組みがある。染色体DNAの切断・損傷や異常が限度を超えたときや、タンパク質合成に失敗して異常な構造のタンパク質が細胞内の小胞体という袋状構造に蓄積した場合に、これが起こる。細胞の異常を検出して、細胞内に警戒シグナルが発せられ、ある種のタンパク質群に分解などの不可逆的変化が促され、最終的に細胞自体が死滅することになる。

このような仕組みは多数の細胞からなる生物ではきわめて重要であり、この機構が破綻すると細胞のがん化が高頻度で生じる。多細胞生物では、全体の統一性を破壊するがん細胞が生じることは個体の危機をまねく。そのため、修復困難なレベルの細胞が生じた場合は、細胞死によってそれを取り除くのである。

また、個体の発生や老化の際にも細胞死が重要なはたらきをする。たとえば、人間の指と指の間の間隙は、胎児のころにこの領域の細胞がアポトーシスで死滅することによって生み出される。体外から侵入する病原体と戦う免疫細胞についても、自分自身を認識する免疫細胞（リウマチなどの自己免疫疾患のもとになることがある）は、胸腺という組織におけるアポトーシスによって排除される。アルツハイマー病などの脳機能の老化性疾患では、細胞内の異常（タンパク質の異常凝集など）が原因となり細胞死が誘発される。

もし、生命体に自発的な老いや死がなかったら、どのような状態になるか。

先行して誕生した個体は環境への適応や学習により、それ以降に誕生した個体より常に優れているということになる。現在の日本に置き換えてみると、聖徳太子や徳川家康が平成の現在でもまだ健在で頑張っているような社会である。このような社会で新しい世代が活躍するのは厳しいことは容易に推測できる。

また、一切の生命体において自然死がないと仮定すると、ダーウィンの自然選択で想定しているような資源の争奪が起これば、確実に後続者集団が抹殺される事態となる。これは、システムの固定化を生むことになり、やがて生物界自体の弱体化や滅亡につながるだろう。

セル・オートマトンには「死」はないが、ひとつひとつのプロセスは離散的に推移する。筆者の推測になるが、生命体は「死」という世代を離散的に断絶する更新プロセスを設けることで、セル・オートマトンのような離散的演算プロセスを実現することが可能になっているのではないだろうか。

いっぽう、人工生命や人工知能を作り上げるとき、現状ではそのプログラムには、老化や死というのは組み込まれているケースは少ない。構成要素となる物質やエネルギーが供給され続ける限り、人工生命体や人工知能は機能し続けるように設計されている。

そのような場合、新しいシステムへの代替わりは、人為的な交替プロセスを実行するか、あるいはこれら人工生命体や人工知能同士の生存競争・戦争における敗者の退場を待つ、という形になるであろう。したがって、今後自己増殖・維持機能をもつロボットなどを開発する場合は、ロボット自体に事前に何らかの老化や自己消滅機構が実装されていたほうが安全であると考えられる。

生物の多様性や進化、持続可能性を考えるとき、「死」という現象の重要性をしっかりと認識しなければならない。「死」があってこその「生」なのであろう。

生命の情報性とネットワーク性

さて、「生命らしさとは何か」という問いに答えるには、「情報性」や「ネットワーク性」ということも欠かすことができない。これらは、生命の多元性にとってもきわめて重要な概念である。

生命の本質の一つは情報といっても過言ではない。生命体はたしかに物質の一面をもっているのだが、卓上のオブジェのような静的な物体でないことは明白だ。動的に変化する情報を有する物体という側面がある。

実際、生物を構成する基盤的な物質には、多様な情報が実装されており、しかもそれが書き換え可能な動的な情報である。たとえば、遺伝情報の物質的基盤であるDNAやRNAといった核酸は、それ自体の化学的性質により、複製が可能かつ書き換え可能であり、上記の動的な情報的性質を満たしている。もう一つの重要な生体物質であるタンパク質も、アミノ酸配列という一次元情報に加え、立体構造や化学修飾などを通じて動的に変化する情報性を帯びている。

生物情報は複製・増殖が可能で、しかも個々の生物の情報を環境に応じて書き換え可能である。書き換え可能であるということは、演算が可能な物質的なコンピューターであるということである。

もう一つの重要な観点は、生物の情報は孤立した存在（スタンドアローン）ではないことである。ネットワークを通じて複数の生物がたがいに影響を及ぼすことができる。これは、情報ネットワークなどに近い存在であると考えられる。また、生物個体がたがいに通信しながら、それぞれ与えられた環境に適応して変化し、最適な解を探っていくとするなら、多数の個体が分散コンピューティングのようにそれぞれ演算をおこない、個体群全体において最適解を得ていると捉えることも可能だろう。

このように、生物は情報的な物質から構成される動的な演算のネットワークを構成していると考えられる。したがって、もし人工生命体を構築しようとするなら、（少なくとも一部の）構成パーツには自律複製・変更可能な「情報性」を付与し、さらに個々の人工生命体の間に相互作用性をもたせる必要があるだろう。前述のクラス4のセル・オートマトンは、物質的な実体はないものの、このような要件を満たす情報機械であり、かなり生物の本質を捉えたものであると考えられる。

しかしながら、セル・オートマトンの「ライフゲーム」で、生物的な挙動をするパターン群が生まれても、それらはあくまでもバーチャルな存在である。生命はあくまで物質として存在しなければならない。予言としては、もし人類が、自己増殖性・進化能力と、情報ネットワーク性を兼ね備えた新しい物質を合成することに成功すれば、人工生命の合成に大きく近づくことであろう。しかしながら、現時点で筆者が知る限り、まだそのような物質は生み出されていない。

生物ネットワークの階層性

生物の情報ネットワークには階層性がある。生物を構成する「分子」から、細胞核やエネルギーを作りだすミトコンドリアなどの細胞内の小さな器官である「**オルガネラ** organella」、「細胞」、「組織・器官」、「個体」、「生態系・社会」といった、多数の階層が織りなす複雑なネットワークによって生命活動は維持されている。

それぞれの階層内では、多様な構成要素同士で相互作用や情報のやりとりがおこなわれており、それがさらに上位の階層の活動を規定し、制御していく。このような重層的な制御機構が統合的に作用することで、生物の世界は秩序を保ちつつ持続している。

生命システムの階層をより具体的に眺めてみよう。まず、もっともミクロな視点で、細胞内に存在するタンパク質の階層性について見てみる。これまでたびたび述べてきたとおり、タンパク質は生命機能を動かす部品のようなものである。タンパク質はいくつかの機能的な部分に分割することができる。制御を担う領域や触媒を担当する部分、ほかの因子と結合する部分など、機能に関わる「区分

（ドメイン domain）」がある。ドメインの組み合わせによってタンパク質の複雑なはたらきが生み出される。

企業でいえば、ドメインは管理部門や製造部門、監査部門……といったような分類と似たようなものである。そして、タンパク質は、さらにほかのタンパク質と結合することで、多様な機能をもつより大きな複合体を形成する。このような複合体を企業にたとえていえば、個々のカンパニーが集まった持ち株会社（ホールディングス）のような存在といえるかもしれない。

もう一つ次元の上がった階層としては、オルガネラがある。オルガネラは細胞内に含まれる小さな機能構造体（その多くは袋状）である。タンパク質複合体の多くは、それぞれの目的に応じて決まったオルガネラに組み込まれ、個々のオルガネラの機能を担う。これらのオルガネラの間にも、情報や物質のやりとりをするネットワークが存在する。

オルガネラのさらに上位には、細胞間のネットワークが存在する。人体では筋細胞や神経細胞など、おおよそ二〇〇種類の細胞が存在するといわれている。これらの異なる個性の細胞が相互に結びつき、複雑なネットワークを形成することで器官や組織が形成され、最終的に個体が構築される。

生物個体間にもネットワークが形成されている。個体群はアリの巣などの社会やジャングルなどの生態系を構成し、構成要素には複雑な相互作用のネットワークが存在している。

これらの生物ネットワークは、生物の生存や進化に必須な役割を果たすと考えられる。実際に、生物は一つの個体だけでは存続することはできない。複数の個体が群や集団を形成したり、それぞれの生息域でほかの個体群との相互作用をおこなったりして、持続可能な生態系が形成される。

このように、生命体はミクロからマクロに至る複層的な一大階層構造を有しており、それらが複雑に入り組んだ相互連携ネットワークを織りなしているのである。しかも、このネットワークは、変動する環境に応じて柔軟に変化する。これにより、生命がもつ回復力のある永続性が実現される。生物は「動的な階層性情報ネットワーク」と捉えることができるだろう。

自他のネットワーク識別

以上、生物が有する階層的な相互連携のネットワークについて述べてきた。生物の臓器や生態系などでは、その構成要素はおたがいに相互作用をすることで、複雑なネットワークを形成している。臓器についても、一つの細胞だけでなく、数多くの細胞がおたがいに相互作用して、ネットワークを作り上げている。これらのネットワーク内の相互作用がうまく機能するためには、それを構成する個体や細胞が、自分と同類な「自己 self」と異質な「他者 non-self」を区別する必要がある。どうやって「自己」と「他者」の識別がおこなわれているのだろう。

生殖における自己と他者の認識の事例を見てみよう。有性生殖において自分の種と異なる別の種と交配しても、子孫は生殖能力をもたないことがほとんどである。たとえば、すでに述べたとおりヒョウの父親とライオンの母親から生じたレオポンは一代限りであり、子孫を残す能力はない。これは、ヒョウの染色体とライオンの染色体（いずれも三八本と同じ数だけあるが）の微妙な配列構造上の違いにより、減数分裂期の相同染色体間の組換えと再分配に不全が生じることが一つの原因である。

より離れた種の間では、精子が卵に受精する段階で拒否反応が起こることもある。そもそも、自然界では交配相手を選別するためにフェロモンなどの誘引性化学物質が用いられたりすることで、生殖相手が同じ種の異性に限定されているケースがほとんどである。つまり、生殖という過程には、「自己」と「他者」の識別工程が組み込まれているのである。

では、生態系における「自己」と「他者」の識別について考えてみよう。生態系においては、性質がよく似た個体は生存環境を共有していることが多い。「群れ」のように同類が相互依存的に助けあうケースがある。

群れとは同一種の個体が集団を作っている状態を指す。群れを作るメリットであるが、同種の集団としての生存率の向上が期待できる。たとえば、シマウマなどは多数の個体が群体を作ることで、捕食者の接近を感知しやすくなる。サバンナではシマウマは最低でも二頭ペアで、しかも前後反対方向に並んで立ち、二頭あわせて三六〇度の視界を確保する。また、捕食者に襲撃された場合も、群れの中でもっとも弱い個体が捕食されることで、個体群総体の活動度低下を最小化し、種を安定的に維持することが可能になっている。また、群れを作ることで、生殖効率を高めることも可能になる。個体が離ればなれで生息している場合に比べ、生殖相手を見出しやすくなる。

いっぽうで、同種が同じ生息域やニッチ（三五頁）を共有していると、個体間に強い競合作用が生じることがある。このようなケースでは、個体同士うまく渡り合っていかないと共倒れとなる。たとえば、**縄張り**・順位や棲《す》み分《わ》け、群れなどの行動により、過剰な競合関係を回避する必要が出てくる。

これらの行動の前提条件として、動物個体が自己と非自己を識別する必要が出てくる。どうやって自己と他者の識別をおこなうのか？　その研究は、ほかならぬ本書冒頭で紹介した「ティンバーゲンの四つの質問」を考案したニコラス・ティンバーゲンがおこなっている。彼のイトヨという魚を用いた研究を、ここで紹介しよう。

ティンバーゲンはイトヨの「縄張り」行動における自他識別の仕組みを明らかにした。イトヨの雄は繁殖期になると体の下面が赤くなる（婚姻色という）。やがて、水草を使ってトンネル状の巣を作り、その周囲からほかの雄を追い払うようになる。雌がやってくると求愛行動をおこない、雌が巣に産卵すると精子を放出し、その後は巣にある受精卵を世話する。このとき、イトヨが攻撃行動を仕掛ける相手は、下部が赤くなった物体であればよく、形状はそれほど影響しない。つまり、繁殖期のイトヨの雄は、腹の部分が赤い婚姻色をもっているかどうかで排除すべき他者を認識していることになる。

このように、生態系においては、自己と他者の識別がたいへん重要な基盤であるといえる。識別機構としては、イトヨのような視覚情報に加え、動物個体が発生する化学物質であるフェロモンや匂い物質、聴覚情報などが重要なはたらきをするといわれている。これらの自他識別機構が確立される過程にも、淘汰などの進化プロセスが重要なはたらきを果たしてきたはずである。

自他境界の形成と獲得免疫

では、自他識別機構はどのようなプロセスで成立したか。ここで、免疫系 immune system を例として見てみたいと思う。

生物における「自己」は比較的単純でわかりやすいが、「他者」についてはかなり幅広く捉える必要がある。生息域を共有するほかの生物種や個体だけでなく、病原体などの外部からの侵入者も「他者」に含まれるだろう。

このような、外部から体内に侵入して生存の危険性を高める「他者」を、体という「自己」と区別して攻撃するシステムがある。たとえば、脊椎動物で発達した生体防御システムである**獲得免疫**系である。獲得免疫系は、個体が生まれたあとに、自己と非自己に関する細胞・組織レベルでの経験的学習を通じ、それぞれの個体で独立に確立される。

病原体に人体が感染して、治癒すると、その後再び同じ病原体に感染しても感染しにくくなったり、重症化しなくなったりするが、これは獲得免疫系のおかげである。ジェンナーが開発したワクチンは、この獲得免疫の仕組みを人工的に利用したものである。

獲得免疫系を支えている分子にはいろいろあるが、なかでも重要なのが「**B細胞 B cell**」という免疫細胞が作りだす免疫グロブリン immunoglobulin というタンパク質である（図3－7）。このタンパク質は「**抗体** antibody」とも呼ばれているが、特定の物質にだけ結合する性質（特異性 specificity）をもっている。

抗体は狙った物質（抗原 antigen と呼ばれ、たとえば病原体の表面に存在する物質などの例がある）に一対一で特異的に結合し、そのはたらきを無効化したり、排除したりする。これはいい換えると、生体外から体内に侵入する無数の異物を認識するために、莫大な種類の抗体をあらかじめ体内に用意しておく必要があるということである。

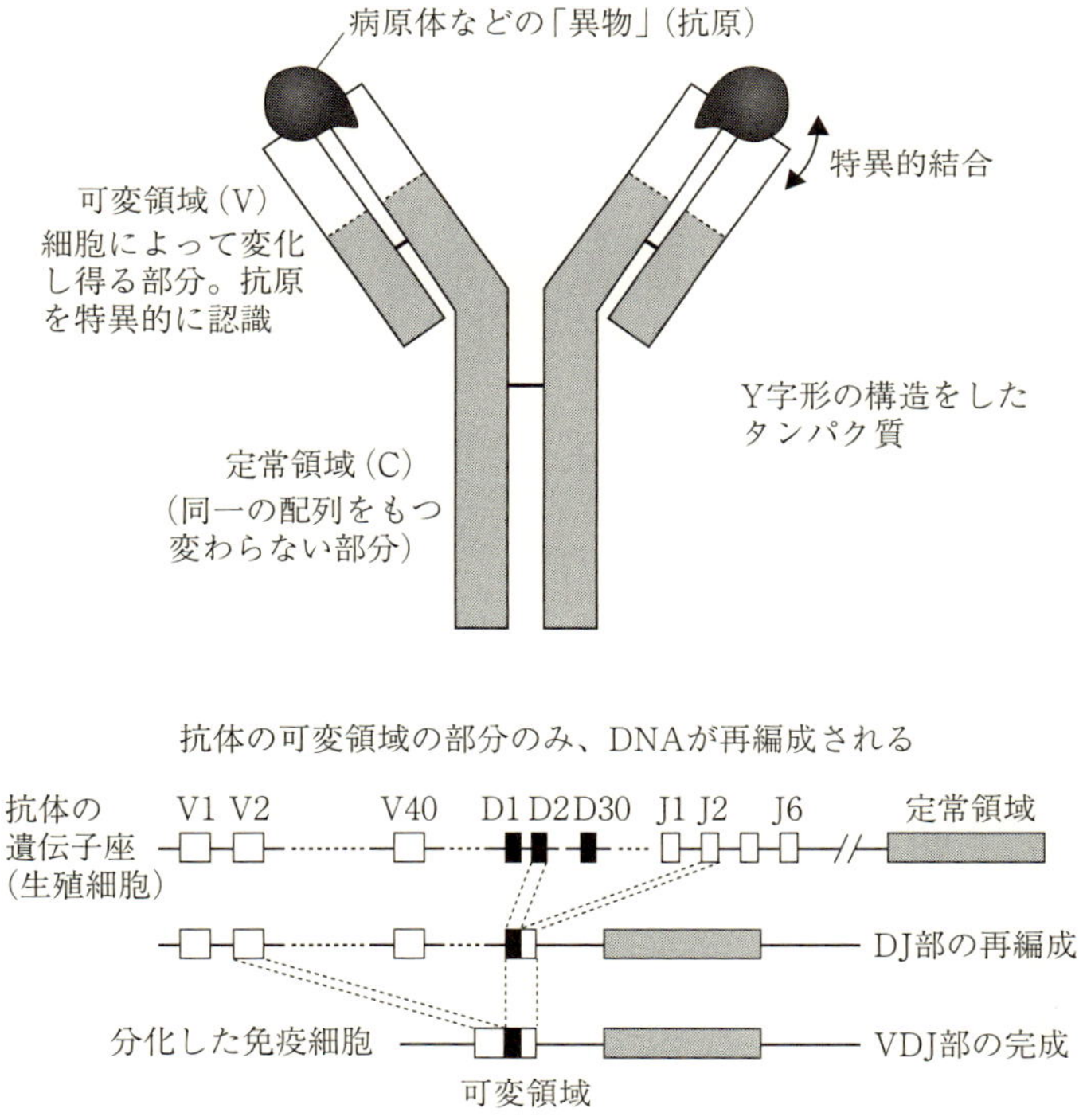

図3-7　抗体(免疫グロブリン)

いっぽうで、人のゲノムＤＮＡにはサイズの上限があり、遺伝子の数はおよそ二万ぐらいである。これは、抗体以外の生命機能の維持に必要なすべての遺伝子の総数なので、無数の抗原に対応する抗体の遺伝子をあらかじめ準備しておくことが不可能なことは自明である。

では、どうやって脊椎動物は無数の抗体遺伝子を用意することができるのであろうか。まず、一種類の抗体は一種類の免疫細胞が作りだすという原則がある。免疫細胞の中で後天的に抗体遺伝子が変化し、結果的に細胞ごとに異なる抗体遺伝子が保持されることになる。つまり、抗体の特異性は個々の細胞に後天的に付与される細胞の個性によってもたらされているのである。

どのようにして、個々の免疫細胞の個性が生じるのだろうか。ごく概略だけ述べると、免疫細胞が増殖する過程で、限られた種類の遺伝子の組換えが起こることにより、ＤＮＡレベルで個性が生み出されるのである。

受精卵の段階では、抗体遺伝子は複数の抗体遺伝子断片を含むいくつかのユニットが染色体上に並んで配置されている。やがて発生が進んで免疫細胞が分化し、Ｂ細胞が形成される過程で、これらの遺伝子断片が組み合わされ、一つの抗体遺伝子が作られる。この遺伝子断片の組み合わせにより、多くの種類の抗体遺伝子ができるのである。そのほかにも、抗体遺伝子座でのみ生じる突然変異などが起こることで、最終的に莫大な種類の抗体遺伝子が生み出される。

なお、このように免疫細胞の中で後天的に遺伝子が再編成を受けることで、抗体の多様性が生じることを見事に実験的に証明したのは、我が国の利根川進《とねがわすすむ》であり、この発見に対してノーベル生理学・医学賞が授与されている。

この多様化の仕組みで抗体の多様性は説明できる。しかし、抗体は外来の物質にのみ反応し、人間の体にもともとある物質に反応しないようになっている（免疫寛容 immunological tolerance）。抗体遺伝子の再編成で生じる多数の抗体の中には、自分の体の中にある物質に結合して攻撃するタイプのもの（自己抗体 autoantibody）も混じっている。もしこれが、体内でずっと合成され続けると、リウマチや膠原病《こうげんびょう》などの自己免疫性の疾患に罹患することになってしまうだろう。

この問題についても、細胞間のネットワークが重要なはたらきをする。抗体を作るB細胞は、体内ではそれ単独で増えたり機能を発揮したりするのは困難で、指揮官役の**T細胞** T cell の助けが必要である。このT細胞にも、再編成を受けて多様化するT細胞受容体 T cell receptor というタンパク質があり、生体外から侵入した異物を識別するパトロール部隊のようなはたらきをしている。

T細胞受容体は抗体同様に限られた抗原にだけ結合する特異性をもっている。T細胞は自ら反応（結合）できる抗原に出会ったときだけ活性化し、抗原が体内に侵入したことを、その抗原に対する抗体を産生するB細胞にだけ伝えることができる。

実は、このT細胞のうち、自己抗原に反応する細胞が我々の体内から除去されている。幼少時にはっきりと見られ、成長とともに縮小する「**胸腺** thymus」がその舞台である。胸腺では、外部の抗原、つまり「他」を認識するT細胞だけが選抜される。胸腺内部で自己抗体の産生を促すT細胞が選択的に自殺（アポトーシス）に追い込まれるのである。

胸腺におけるT細胞の訓育は、体内を循環するT細胞が何度も繰り返し胸腺を通過するうち、繰り返しおこなわれる。その過程で、体の中には自己抗体を作りだす能力だけが失われる。結果として、免疫系は自己と非自己を識別するようになっていくのである。つまり、胸腺はT細胞の学校（「落第者は死刑」という恐怖の学校であるが）としてはたらいているのである。

獲得免疫系では以上のように、ＤＮＡの再編成による細胞の多様化と、細胞と組織のネットワーク相互作用を介した細胞淘汰システムにより、自己と非自己をシステムとして学習していく能力が備わっているのである。これは、ある意味で個体レベルの進化に非常に近い仕組みである。このような多様化と淘汰による学習という戦略は、生命系に共通した重要な特質と考えられる。

ニューロンのネットワーク

複雑なネットワークの相互作用における淘汰システムは、人間の脳などの「学習」にも重要な役割を果たしている。ここで、少し話を発展させて、認知や記憶、情動などを司《つかさど》る脳神経系のネットワークについて紹介したい。

人間はいかにして物事を認識し、特定の概念を獲得しているのであろうか。これは人間を考えるうえできわめて根本的な質問の一つである。人間の認識や概念獲得は、基本的には脳の神経回路ネットワークで形成される。人間の脳は千数百億個もの多数の神経細胞（**ニューロン** neuron）によって構成されている。ニューロンは軸索という長い繊維状の部分や、樹状突起という短い突起をもっていて、これによりほかのニューロンと接続してネットワークを作っている（図３－８）。つまり、細胞によって回路ネットワークが形成されているのである。これを神経回路網、**ニューラル・ネットワーク** neural network という。

個々の神経細胞は、どのように信号を伝達していくのであろうか。ニューロンは外部の刺激に応じて、細胞膜上の電位が動的に変化し（活動電位が生じる）、それが膜上を伝導していく。細胞と細胞の間には、**シナプス** synapseという連絡装置があり、この連絡装置を通じてある種の物質が受け渡されることなどにより、活動電位は細胞を越えて伝達される。したがって、脳の活動を細胞レベルで突き詰めると、神経回路網にどのようなパターンで電気的信号が発生し、伝達されていくかということになる。

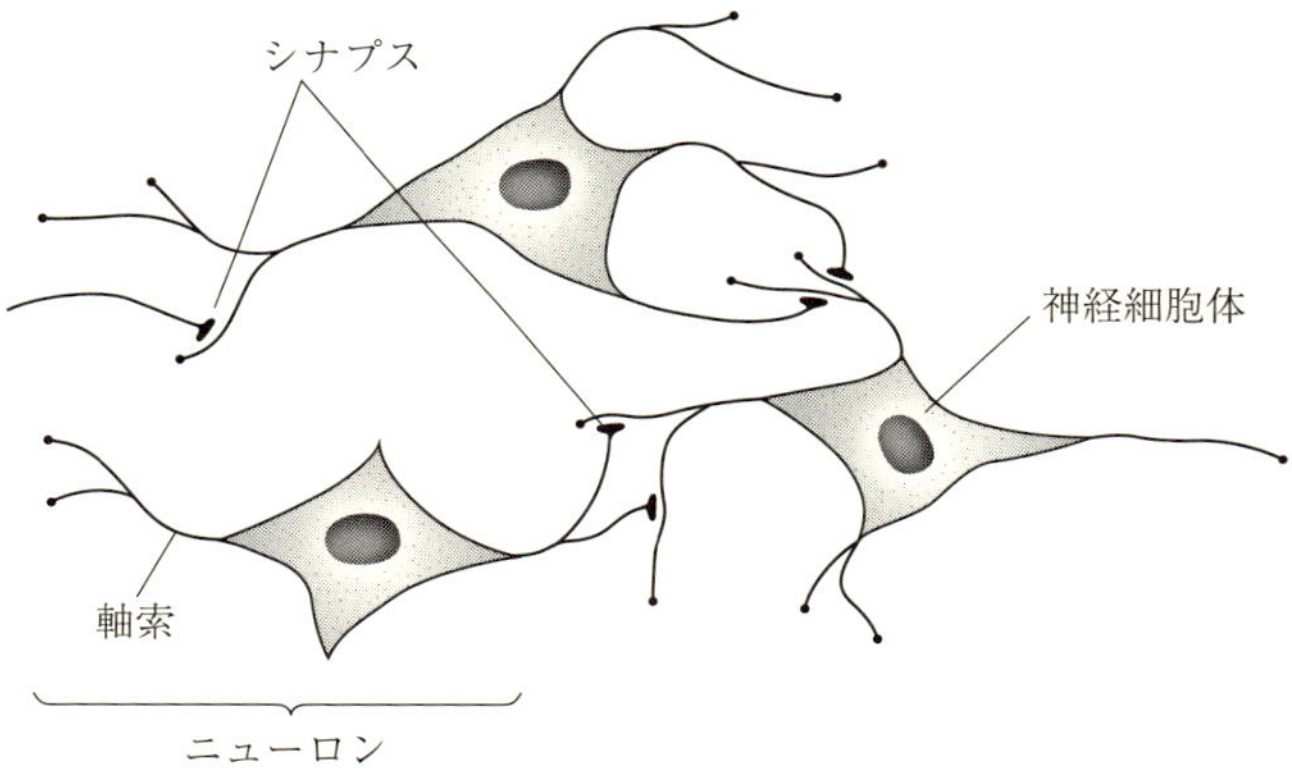

図3-8　神経細胞（ニューロン）のネットワーク

脳には小脳や大脳などの部位があるが、人間でとくに発達しているのが大脳である。大脳には一四〇億個ともいわれる多数の神経細胞があり、これが秩序的な階層を作って配置されている。

人間の問題解決や推論、意思決定、知覚、認知、記憶などの高次認知機能を司っている大脳表面部分の皮質（**大脳皮質** cerebral cortex）には、円錐《えんすい》状の錐体《すいたい》細胞など一〇種ほどの細胞が存在する。錐体細胞には長い軸索が存在し、これが脳のほかの部分に連絡して、信号を伝えている。大脳皮質（新皮質）では、タイプの異なる細胞が六層からなる階層を構成している。つまり、階層状の神経細胞ネットワークが形成されている。

脳神経科学では、個々のニューロンがどのように興奮し、電気的信号が伝達されるかという問題や、個々のニューロンが脳内にどのように分布し、どう連絡しているかという問題について、非常に多くの知見や機構が明らかにされてきた。また、さまざまな刺激を個体に与えた場合、脳内のニューロンがどのように反応するかということも明らかになってきている。しかし、これらの知見だけからでは、人間が複雑な概念を獲得したり、物事を認知したりできるようになる仕組みについては、なかなか本質的な理解が得にくい状況であった。上述のように、脳が莫大な数の神経細胞からなる階層ネットワークでできていることが、問題を複雑にしているのであろう。

しかしながら、近年この点に関して大きな研究上の飛躍（ブレークスルー）が起こっている。その一つに、古くは一九六〇〜七〇年代から提唱されている概念である「**スパース・コーディング** sparse coding」がある。

「スパース sparse」というのは「まばらな」という意味である。信号入力の当初は連続的な存在だった情報が、階層的な神経細胞ネットワークを通過する過程で、次第にまばらな細胞の刺激に集約され、一定のグループの細胞が反応するようなパターン記録（符号化＝コーディング coding）が生じるので、スパースという表現が用いられている。

スパース・コーディングは、まず、視覚などの感覚入力の分野で研究が進んだ。視覚入力でこの概念を説明すると、自然界に存在する連続的で莫大、しかもそれぞれ少しずつ違いのある画像情報（高次元情報）の入力から、すべてに共通で代表的な特徴的情報だけを抽出し、限られたニューロンで処理できるようにすることである。そのほか、音声入力や嗅覚への入力でも同じ方法で処理がおこなわれていることが明らかにされた。

脳が情報処理としてスパース・コーディングを用いるメリットは何だろうか。考えられることとして、連想あるいはパターン記憶を得やすい、自然界の複雑な情報をより明示的で単純な構造に変換できる、複雑な情報をより低次元に投影した形で示せるため情報量を圧縮できるほか処理を高速化できる、一部のニューロンだけが活動すればよいので脳の消費エネルギーを節約できる、などの利点が挙げられる。

それ以上に重要なことは、スパース・コーディングにより、情報全体をまるごと連続的に捉えるのではなく、小さな違い（ノイズ）のあるさまざまな異なる認識対象同士の「差異」を見極めるための重要な情報だけが抽出されることである。この過程を通じて、脳は情報量が莫大な連続的情報から、対象を表象するのに必要なもっとも本質的な点、つまり「特徴」だけを抽出することが可能になる。つまり脳は、スパース・コーディングという原理を用いることで、連続的で高次元のゆらぎのある実存を、散逸的でより単純化された低次元な「特徴」に投影することができるのである。

二〇〇五年にカリフォルニア工科大学のキアン・キローガ（現在はレスター大学）らは、八人のてんかん治療用の深部電極を脳（海馬およびその周辺の側頭葉内側）に設置した被験者に対し、さまざまな有名人やランドマーク建築物を見せ、特定の画像に反応するニューロンを探索した実験結果を「ネイチャー」誌に発表した。[*6]

この報告によれば、特定の人物の画像にだけ反応するニューロンが見つかったとのことである。たとえば、女優のジェニファー・アニストンに反応する一群のニューロンが見出された。興味深いことに、このニューロンは衣装が異なっていてもジェニファー・アニストンだけに特異的に反応した。また、別のニューロンは女優のハル・ベリーにだけ反応して興奮し、さらにはシドニーのオペラハウスに反応するニューロンも見出された。さらには、シドニー・オペラハウスに反応するニューロンは、"Sydney Opera"という文字列に対しても同じような興奮反応を示した。つまり、ジェニファー・アニストン細胞やシドニー・オペラハウス細胞というような、概念を司るニューロンが存在することが明らかになってきたのである。

このような特定の概念やその認識に関わる少数の細胞の存在に関して、「**おばあちゃん細胞仮説** grandmother cell hypothesis」というアイデアが提案されている。視覚情報が網膜から脳内に移行する際に、その一部の特徴的な情報の組み合わせに対し、一つないし少数のニューロンが反応するというものである。

より具体的にいうと、抽象的な意味の世の中の「おばあちゃん」全体ではなく、「自分のおばあちゃん」の顔を見たときにだけ反応する細胞がある、という説である。この説にしたがうと、無数の人物の顔それぞれに対応するニューロンが必要になってしまうので、覚えられる顔の数に限界が出てくる。実際にはそのようなことはないと考えられており、おそらく複数の細胞の組み合わせによる集団的なコーディングがおこなわれているのだろうと考えられている。ここら辺は、先ほど述べた抗体遺伝子の多様化のように、基本ユニットの組み合わせによって複雑性を増加させる仕組みが重要なのだろう。

ディープ・ラーニングによる概念形成

スパース・コーディングは特定の人物を認識するのに用いられている可能性があるが、「人間」とか「猫」といった、より広範で包括的な「特徴」の形成にも役立っていると考えられている。これは、スパース・コーディング的な要素が人工知能に入りこんでくる中で実現されてきた。

人工知能は人間の脳のようなネットワークをコンピューター上で再現し、学習や知能などの高次機能を実現しようとするものである。当初は人間がコンピューターに対し、「知能とはこういう処理をするものである」とプログラム上の論理的指示を与えたり、エキスパートシステムといって専門家の知識から得られた論理的ルールを与えたりしていたが、これだと簡単な問題は解決できても、実世界の複雑な問題の解決には限界があった。

このような課題を抱えていた人工知能であるが、神経回路の特性を計算プロセスに取り込んだニューラル・ネットワークの研究において、ネットワークの階層数やユニット数が増え、学習のしすぎによる判断の不正確化（過学習）を抑制したり、ハードウェアの発達に伴って処理データ量が増大したりする中で、「ディープ・ラーニング（深層学習）」という領域が、飛躍的に発展してきた。

二〇一六年には、「グーグル」のグループ企業であるディープマインド社が開発した、ディープ・ラーニングを用いたシステム「アルファ碁 AlphaGo」が、ボードゲームの中ではコンピューターによる対応がもっとも困難な部類であると言われていた囲碁の対戦で、世界的なトップ棋士イ・セドル九段に勝利するなど、めざましい活躍をするに至っている。

今日の人工知能は、かつてのそれと異なり、人間が論理的ルールをコンピューターに指示するのではなく、多くのデータをコンピューターに入力して経験的に学習をおこなわせる。これを「機械学習machine learning」という。機械学習が現実レベルで活用可能になったのには、すでに述べたとおり、コンピューター・ハードウェアの性能が格段に改善したことと、インターネットの発達により時々刻々と莫大なデータ（ビッグデータ）が蓄積されてきたことが背景にある。

しかし、初期の機械学習では、最終的には人間が、学習対象の「特徴」を定義してコンピューターに教え込む必要があった。これを「教師あり学習」というが、これに対し、「教師なし学習」というものもある。こちらは、コンピューターが勝手に特徴を抽出して、学んでいくことになる。

ディープ・ラーニングをコンピューターに組み込む方法であるが、まず脳の神経細胞網の構造的特徴を模倣したニューラル・ネットワークを、人工知能にシステム上で設定する。前述のとおり、目などから入力された外部情報が脳内で処理される際、多階層の神経ネットワーク内を信号が伝達されていき、その際に最終的な細胞層において特定の細胞だけが刺激を受けるようになる。このような一部の細胞だけが刺激されることで、重要な情報が抽出され、単純化された抽象度の高い情報に変換されるようになる。ディープ・ラーニングでも、中間の階層では情報の圧縮が可能であり、スパース性が結果的にうまく利用されていると考えられる。ディープ・ラーニングと脳の信号処理の間にはかなり隔たりがあるのは事実だが、階層的な情報処理の流れには共通点も認められるのである。

さて、ディープ・ラーニングをコンピューター上で実際にはたらかせた場合、どのようなことが起るのであろうか。最近の研究では、多数の異なる画像情報をランダムにコンピューターに入力し、ディープ・ラーニングを実行させると、人間の脳と同じように自律的に「なにがしかについての特徴」を抽出できたという成果が得られている。

もっとも有名な例の一つは、米国のグーグルがおこなった実験であろう。グーグルは一万六〇〇〇のプロセッサーを連結して一〇億超の多階層ネットワークを構築し、このシステムに多数のＹｏｕＴｕｂｅ動画から無作為抽出した一〇〇〇万を超える画像をディープ・ラーニングで学習させた。そして、人間が「教師」としてコンピューターに特徴を教え込まなくても、コンピューター自身が「猫の顔」や「人の顔」の特徴を自律的に獲得したという驚くべき結果を報告したのである。[*7]

人間は長い間、どうやって脳内で何かの特徴が表現されるのか、なかなか理解できないでいた。しかし、脳のシステムとの類似性をある程度有するディープ・ラーニングをコンピューターで実行し、多数のデータを繰り返し入力させることで、特徴の抽出が自律的に形成されたことは、注目に値する。多階層のネットワークに大量のデータを繰り返し入力して処理することで、情報の圧縮や抽象化がおこなわれ、特徴的な情報が抽出・分離される可能性があるのではないか。

このようなディープ・ラーニングをさらに強化する方法として、テストでよい成績を取ったときにご褒美がもらえるのと似た仕組み、つまり「強化学習 reinforcement learning」（正解に近い出力をした場合により高い報酬を与える仕組みをもった機械学習）がある。心理学の世界でも、成功に対して報酬を与えると（外発的動機づけ）、目的達成の効率が高まることが知られているが、これを機械学習にも適用するようなものである。

前述の囲碁対戦に用いられた「アルファ碁」には、ディープ・ラーニングと強化学習が組み込んである。入力された囲碁の盤面画像から、次の打ち手を探索するものと、その打ち手の勝率を計算するものからなる二層のネットワーク・システムにより、最適な次の打ち手を評価していく。さらに、開発者たちは過去の三〇〇〇万を超えるトップ棋士の対戦を学習させたり、コンピューター同士の対戦による事前研鑽《けんさん》をさせたりして、勝ったときに「報酬」を与える強化学習を施していた。このような方法により、複雑な知識や判断が必要とされる囲碁の勝負においても、トッププロに勝利できるレベルまでシステムを強化させることができたのである。

さて、人間が概念を形成する際にも、ディープ・ラーニングを用いているのかどうかは、まださらなる検証が必要な段階である。しかしながら、筆者が関心を抱いているのは、「多数の情報を繰り返し処理していく中で徐々に特徴を抽出していく」というディープ・ラーニングの原理は、生物進化や獲得免疫系のプロセスと、ある面において類似性がありそうだという点である。

ディープ・ラーニングでは、多様でノイズのある連続的な認識対象を、階層的なネットワークによる試行錯誤的な学習サイクルにより、何度も処理していくことで、対象の特徴情報を抽出・分離していく。生物進化の過程においても、生物ネットワークにおける淘汰（一種の学習）を用いて、多様でゆらぎ（ノイズ）のあるDNA情報が組換えによって「演算」され、結果として生物種が分離していく。獲得免疫系においては、胸腺などにおける複雑な細胞間ネットワークを介した強化学習的訓育により、遺伝子配列の**ゆらぎ**（ノイズ）をもつB細胞やT細胞の選別がおこなわれ、「自己」と「他者」が分離していく。将来的にディープ・ラーニングの研究がさらに進めば、生物進化の概念などへの洞察が得られる日が来るかもしれない。

生物に見られる「ゆらぎ」や「ずらし」

ここまで、セル・オートマトン、進化、免疫系、ディープ・ラーニングを事例に、生命システムの基本的戦略である「多様化・ゆらぎ→淘汰（学習）→離散的適応化」という流れについて述べてきた。ここであらためて、いちばん初めの過程である「多様化・ゆらぎ」に焦点を移したい。

進化や適応において生物は、「ゆらぎ」や「ずらし」といった多様化戦略を用いることが多い。減数分裂組換えの部分で述べたとおり、生物は均一化することを避け、一定の枠組みの中で遺伝情報に「ゆらぎ」や「ずらし」を作りだしている。獲得免疫系で見られる抗体遺伝子の再編成も、「ゆらぎ」を生み出すシステムと考えられる。

これは、人間が作る工業製品と大きく異なる点である。工業製品の場合は、製品内の小さな違いや個性は、一般的に「ゆらぎ」というよりも「ばらつき」であるとか「ノイズ」のような悪い印象で捉えられる。できるだけ製造誤差を小さくし、製品間の品質のゆらぎ・ずらしを小さくすることが要求される。ロボットを作ることを考えてみるとよい。工業製品としてロボットを製造する場合、ロットによって顔つきが変わったり、性能に違いがあったりするようだと、購入した顧客からクレームが来ることは間違いない。

ところが、人間の場合はまったく逆である。まったく同じ顔で同じ行動パターンの人間ばかりの世界を想像してみてほしい。あまり楽しい世界ではないだろう。これは、我々が本能的に個人間の差異を重視していることを反映しているのではないかと考えている。

生物にとって工業製品のような均一化戦略は、増殖に最適な条件が与えられた「イケイケ」状態になったときに限り、たいへん都合がよい方法である。ある一定の環境下で最適な増殖戦略が決まれば、それに合わせてすべての個体がコピーのように同じやり方で増えれば、最大の適応度が得られるのは当然である。

企業などでたとえると、新規に市場が誕生したあと、よい環境でぐんぐん成長している時期には少数の勝ちパターン商品に絞り込んで売り込むのがもっとも効率的である。ある牛丼チェーンは、いまでこそ多様なメニューを提供しているが、かつては売れ筋の牛丼一本で勝負し大成功を収めていた。また、以前の日本は、欧米の企業が市場開拓した商品を分析してそのまま模倣したり（コピー商品）、あるいはその製品を分解して製品の思想を分析し、より安価な類似商品を製造（リバース・エンジニアリング）したりする能力に長《た》けていた。これにより、高度成長期には非常に効率的な成長を遂げたのである。

生物の世界でも、非常に豊かな生育環境では、コピー（単為生殖 parthenogenesis）で増える生物が優勢をきわめる。ミジンコは、栄養が豊かなときは単為生殖でどんどん増える。また、人間に寄生する病原体であるカンジダなども、有性生殖過程を回避して無性生殖に依存して増殖する。

ところが、この均一化戦略は環境の変化に対してきわめて脆弱である。環境が変化して、以前の戦略が使えなくなると、単一の生存戦略しか持ち合わせていないため、次の手が打てなくなってしまうのである。具体的な例は挙げないが、企業などでも選択と集中を過度に追い求めると、一時期は業績がよくても、大規模な環境変化に際してあっけなく経営状態が悪化してしまうことがある。いわゆる「一本足打法」では持続可能性が保証されないのである。

ゆらぎ・ずらしを構造的に保持している生物では、環境変化に対しての許容度が個体間でばらついている。統計学でいうところの「分散 variance」が大きくなっている。表現型の分散が大きい集団は、外部環境の変化に対して適応力が高い。たとえば、ある生物種の集団で低温に強い個体や高温に強い個体が混じっていると、隕石落下などの地球規模の環境変動の際に、いずれかの個体が生存することが可能になる。

東京大学駒場（総合文化研究科）の若本祐一《ゆういち》が最近報告した細菌のパーシスタンス persistence という現象がある。[*8] 細菌は抗生物質を作用させると増殖を停止したり、死滅したりする。若本は、ある種の抗生物質を細菌に作用させ、ひとつひとつの細胞がどのような末路をたどるのかを顕微鏡下で巧妙に追跡した。その結果、多数の細胞は死滅したものの、一部の細胞はしばらくすると増殖を開始した。詳しい解析をおこなうと、これらの細胞において抗生物質の標的となる遺伝子産物の発現がゆらいでおり、抗生物質を投与したときにその遺伝子発現が抑制されていた細胞が生き残ったことがわかった。つまり、発現ゆらぎにより抗生物質という細菌にとって致死的なダメージを回避することができたのである。

遺伝子発現の正規分布と冪乗分布

遺伝子の発現ゆらぎに関して興味深い知見が得られている。広島大学の粟津《あわづ》暁紀《あきのり》は、シロイヌナズナという植物で発現する遺伝子を網羅的に調べた。[*9] これだけだと生物学の世界ではよくある研究なのだが、この実験の興味深い点は個体ごとにいろいろな遺伝子の発現がどうゆらいでいるかまで調べた点である。わかったことは、遺伝子発現レベルが「**正規（ガウス）分布** normal/Gaussian distribution」という誤差などで見られる分布にしたがう遺伝子と、「**冪《べき》乗分布** power-law distribution」にしたがう遺伝子、両者の中間的な発現レベルの分布を示す遺伝子の三グループに分けられることである。

冪乗分布というのは、世帯貯蓄額の分布のように、非常に多くの貯蓄をもつごく少数の世帯から、大多数を占める貯蓄額のあまりない世帯までを含むような、動物の長いしっぽのような形の分布である（図3－9）。ネット通信販売のアマゾン社の「ロングテール戦略」がよく知られるが、これは書籍の販売が冪乗分布にしたがうからである。つまりベストセラーは一部だけで、大半はわずかしか売れていない。しかしわずかしか売れない本を集めると相当の売り上げが期待できる、という戦略である。

遺伝子の中には、通常の細胞活動に不可欠な「ハウスキーピング遺伝子 housekeeping gene」と、ストレス時などのような特別なときにしか使われない「ラクシャリー遺伝子 luxury gene」がある。前者は大体決まった範囲の遺伝子発現をすることが求められるので、ゆらぎの範囲が限定される正規分布にしたがって発現する。いっぽう後者はほとんど発現しない状態から、もの凄いレベルで発現する状態まで広がりがある。このような遺伝子は冪乗分布にしたがう。

こういった場合、発現状態を統計分析する際には注意が必要である。一般的に発現量を比較する場合には、いくつかの試料で発現量を定量し、統計的に有意な差があるかを検定するのであるが、普通は正規分布にしたがって発現量が分布していると仮定して検定をおこなう。

　ところが、ラクシャリー遺伝子の場合は正規分布ではなく、冪乗分布にしたがうので、試料ごとに大きく発現量がばらついていて、差が明確にあるのに統計的に有意との判定が出ないことがある。冪乗分布では平均値というのはあまり意味をもたないことは、世帯貯蓄額の分布データの平均値（平成二九年度で一一五一万円）を思い出してもらえばわかりやすいだろう。

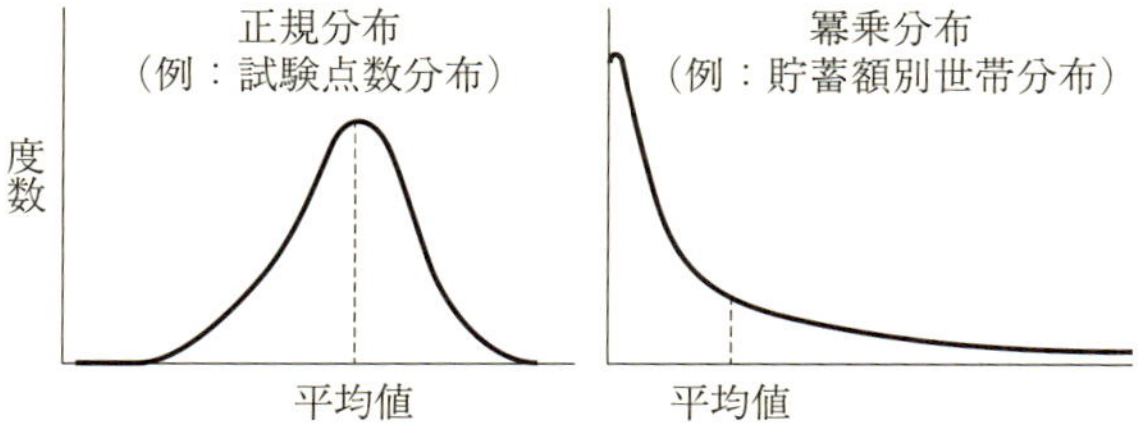

図3-9　正規分布（ガウス分布）と冪乗分布

　なぜラクシャリー遺伝子は冪乗分布にしたがう発現をするのだろう。一つの説明はこれらの遺伝子が特定の条件下で発現するような仕掛けをもっていることである。遺伝子を発現させる際、ある刺激に応じてアクセルのようにレベルを上げていくのであるが、アクセルのはたらきをしているのが**正のフィードバック制御**という仕組みである。正のフィードバック制御というのは、「火に油を注ぐ制御」というか、いちどスイッチがオンになるとさらにそれを加速していくパターンの制御である。このような制御の仕組みをもつ遺伝子は、スイッチがオンになる条件が整えば、非常に高いレベルまで発現することが可能になる。そのいっぽうで、この仕組みをもつ遺伝子は、細胞ごとに発現が確率的にゆらぐこともわかっている。ストレスなど、たまにしか遭遇しない状況への適応に必要な遺伝子には、このような発現パターンが適しているのかもしれない。

進化におけるゆらぎの効用

ゆらぎ・ずらしの第二の効用は進化である。これはダーウィン進化の項目ですでに述べているが、まずは種内で遺伝的な多様性に基づく表現型のゆらぎがあり、いろいろな表現型をもった個体集団が存在することが進化の前提条件となっている。このように表現型のゆらいだ個体集団に環境変化がもたらされると、その環境に適した表現型を有する個体が相対的に有利に増殖し、次第に存在比率を高めていくことが可能になる。そして、これが遺伝的に定着していくことでゲノム進化が起こる。もし、母集団がまったく同じゲノムＤＮＡや表現型をもっていたとすると、そのような遺伝的な変化を伴う表現型の変化というものは実現不可能になる。

減数分裂組換えの部分で、遺伝的なゆらぎを生み出す遺伝的組換えが、有性生殖と不可分になっていることを指摘した。増殖効率という観点では必ずしも有利とはいえない有性生殖が、多くの生物種で長い年月維持されてきたのは、以上のような理由があるのだろう。このように、生物にとって多様化・ゆらぎ戦略はその持続可能性の観点からきわめて重要性が高い。ゆらぎをもつものだけが進化し、持続可能になるのである。

本章では、生命の多元性の究極的目的について考察をおこなった。生命の多様化戦略の本質はひとことでいうと、環境に適応し、学習・進化することにある。その過程で、生物はカオスの縁という創発に有利な絶妙なレベルでゆらぎを作り、反復可能な強化学習・淘汰システムを用いて、離散的な生成物を獲得していく。この生成物はさらに多様化し、同じ淘汰システムが繰り返され、より環境に適した存在に変化し続けていくのである。

第四章

「個体」と「発生」から考える

——多様なかたち、共有の土台

これまで、ティンバーゲンの四つの質問に絡めて、生物多様性の歴史的背景、生物多様性の直接的要因であるDNAの特質、さらには生物多様性の普遍的・究極的な目的について見てきた。その中で、生物が根源的に多元化する性質をもっており、他者との複雑なネットワーク的相互作用を通じて、現在ある多元性を獲得してきた状況や理由が浮かび上がってきた。

ティンバーゲンは、四番目の質問で、生物現象について生物の体の構築過程に関わる要因、つまり発生要因を分析することの重要性を指摘している。そこで次に、生物一個体の形成過程である「発生」において見られる多元性の原理、とくに生物個体の構築過程においてどのように多様性が生み出されているかについて考えてみることにする。

前成説と後成説

すべての生物では、生殖性の細胞（胞子、卵、精子など）の接合・受精・発芽を出発点として体細胞分裂が繰り返しおこなわれ、細胞が増殖していく。単細胞生物では、基本的にこの過程がすべて単一の細胞で完結するが、ヒトなどの多細胞生物は、一つの配偶子（受精卵など）が分裂を繰り返し、多様な種類の多数の細胞が組織的に生み出され、器官や組織を形成して個体を作りだす。この過程を発生という。

生物の形がどのように作られていくかという基本的な疑問は、アリストテレスやヒポクラテスの時代から取り上げられてきた。古くから発生に関する概念として「**前成説** preformation theory」と「**後成説** epigenesis」の二つが唱えられていた。

前成説とは、精子や卵の中にホムンクルスと呼ばれる人間の素が仕込まれていて、受精後にこれが成育して人体ができあがると考えるものである。すなわち、生物個体の形はあらかじめ用意されていて、それが単に大きくなるのが発生であると考えるのである。

この説は少し考えるとわかるのだが、かなり論理的な無理がある。前成説では個体の素はまえから存在しているのだから、過去から現在の全人口分のホムンクルスが存在していなければならないし、多数の精子や卵ができる際にどうやってホムンクルスの数が増えるのかもまったく説明できない。ただ直感的にわかりやすいというだけの説である。

もう一つの後成説であるが、生物の形は受精卵から徐々にできあがってくるという考え方である。実際には、一つの受精卵が分裂を繰り返し、だんだん体ができあがってくるので、この説が正しい。この考えは現在多くの人間が受け入れている常識といってもよいだろう。

しかし、この説は当初は非主流派であった。アリストテレスは後成説の立場を取っていたが、ほかの多くの学者たちは前成説が正しいと考えていたのである。後成説が主流になったのは、顕微鏡などの技術が発達し、「細胞」という生物の基本単位が発見された時代以降の話である。ちなみに、後成説は「エピジェネシス epigenesis」という。エピゲノムの項で登場したコンラッド・ウォディントンはこの説の支持者であり、ここからエピジェネティクス epigenetics ということばが生み出された。

さて、発生学では、ウニなどの海産無脊椎動物やカエル、鳥類、昆虫など、受精卵が調達しやすく、観察がしやすい生物種が好んで用いられる。とくにウニは大量の精子と比較的大きな卵が容易に調達でき、受精も両者を海水中で混ぜるだけなので、発生学の実験によく用いられている。筆者も大学院時代にウニの細胞分裂を研究対象としていたので、毎日のように顕微鏡でウニの受精卵を眺めていたものである。

ウニの棘《とげ》の生えている丸みのある部分の裏側中心部分に、よく見ると歯のようなものが見られる。「アリストテレスの提灯《ちょうちん》」と呼ばれるもので、ウニの口に相当する。これをピンセットで取り除き、空洞部分に塩化カリウムの溶液を注入すると、棘の生えている側の五ヵ所の小さな穴から精子（オスウニの場合）または卵（メスウニの場合）が出てくる。

海水をなみなみと注いだ試験管などに、ウニをこの部分を下にしてのせると、海水中に卵が回収できる。あとは雄の個体から少量の精子を別途採取し、海水に懸濁した卵に混ぜると受精が完了する。この受精卵を顕微鏡下で観察するだけで、ウニの発生を追跡することができる。

受精後、数十分もすると最初の細胞分裂（受精卵の場合、**卵割**という）が始まり、卵全体のサイズはそのまま維持されながら、どんどん分裂が繰り返されていく。つまり、最初のうちは卵割ごとに細胞の大きさが小さくなっていく。

やがて桑の実のような「桑実胚」ができ、さらに卵割が進むと内側に空洞のある「胞胚《ほうはい》 blastula」ができる。その後、胞胚の底部が陥入を始め（この時期の胚を「原腸胚」という）、発生後期に反対側に接続して管状になり、将来の口や肛門《こうもん》（ウニのような後口／新口動物の場合、最初にできた陥入部は肛門になる）、消化管になっていく（図4－1）。

ちなみに、口や肛門のある動物はみな体の中心に管があり、この管の中は幾何学（位相幾何学、トポロジー topology）的には外部と同じである。つまり我々の胃や腸の中というのは体の中でありなが

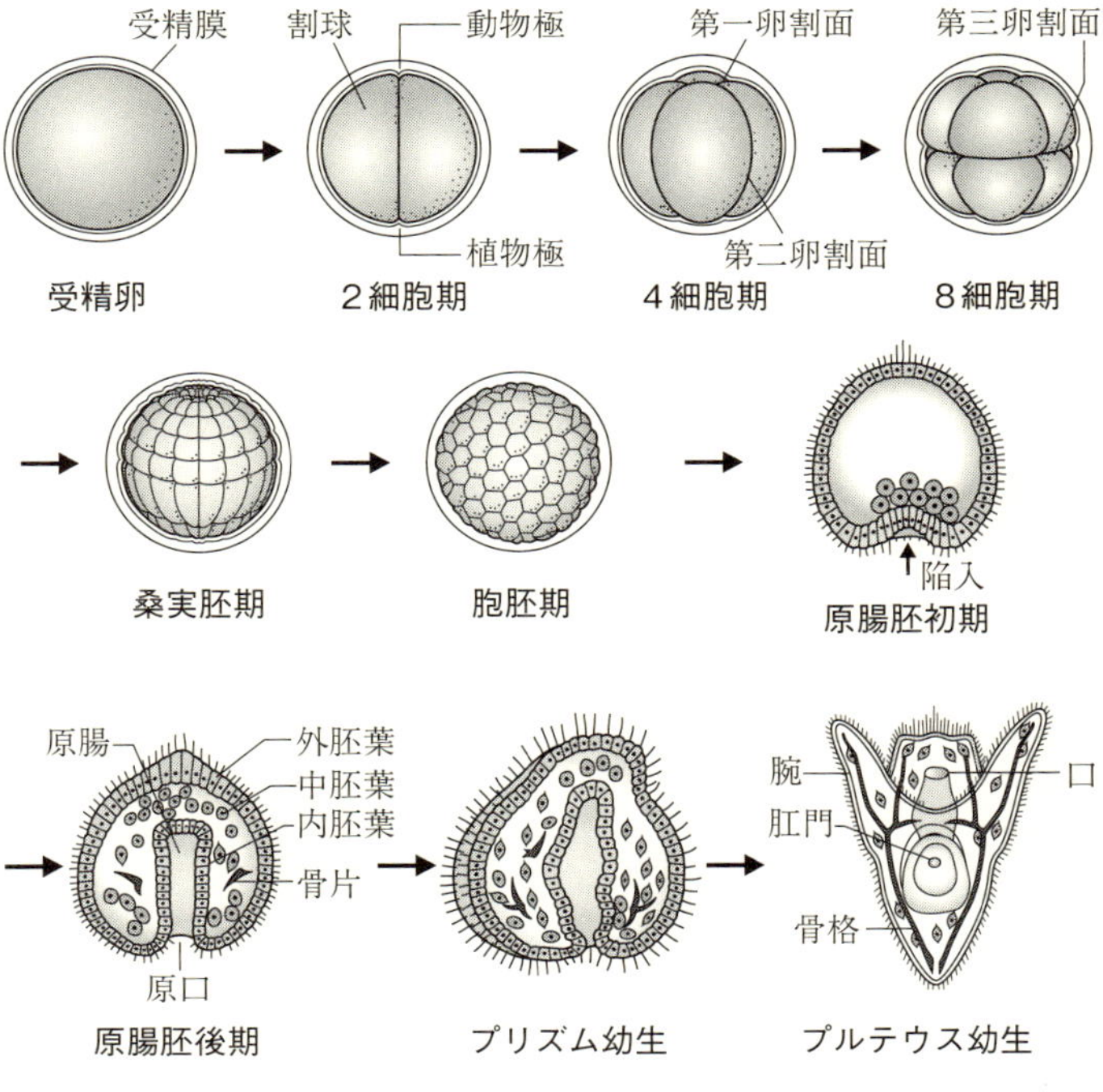
受精膜
割球
動物極
植物極
第一卵割面
第二卵割面
第三卵割面
受精卵
2細胞期
4細胞期
8細胞期
桑実胚期
胞胚期
陥入
原腸胚初期
原腸
外胚葉
中胚葉
内胚葉
骨片
原口
原腸胚後期
プリズム幼生
腕
口
肛門
骨格
プルテウス幼生

図4-1　ウニの発生

ら、外部と連続している部分なのである。

やがて胞胚の外側部分には繊毛という細い繊維が形成され、これが動くことで胚が動くことが可能になるほか、将来表皮や感覚器、神経になる「**外胚葉**《がいはいよう》 ectoderm」に変化していく。

空洞の内部でも細胞の変化が起こり、陥入で内部に入った部分は「**内胚葉** endoderm」に変化してやがて消化管などになる。また、一部の細胞は空洞部分に遊離し、将来骨や筋肉などに変化する「**中胚葉** mesoderm」を形成する。この外胚葉・内胚葉・中胚葉は三胚葉と呼ばれ、ヒトなどの脊椎動物は共通して発生初期にこれらの細胞集団を一過的に形成する。

ウニの初期発生では、原腸胚期ののち、内部に骨片が形成されて形状が三角錐状に変化し、「プリズム幼生」に変化する。さらに口の部分が発達して海水中を遊泳して餌を食べる「プルテウス幼生」となる。これがさらに変化・発達することで稚ウニができてくるのである。このように、生物の体は少しずつ細胞が変化して組織化されてできあがってくるのである。

初期発生の多様性と砂時計モデル

初期発生における ごく基本的なプロセスは多くの生物で共通であるが、発生の最初期と最終期に現れる生物の姿はとくに多様性に富んでいて、種ごとに異なる。
たとえば、卵一つとっても大きさや形状が非常に多様である。我々が日常的に食べている鶏卵は、ウニやヒトの卵から見ると恐ろしく巨大である。また、卵に含まれる栄養成分である卵黄物質の分布も生物によってたいへん異なる。

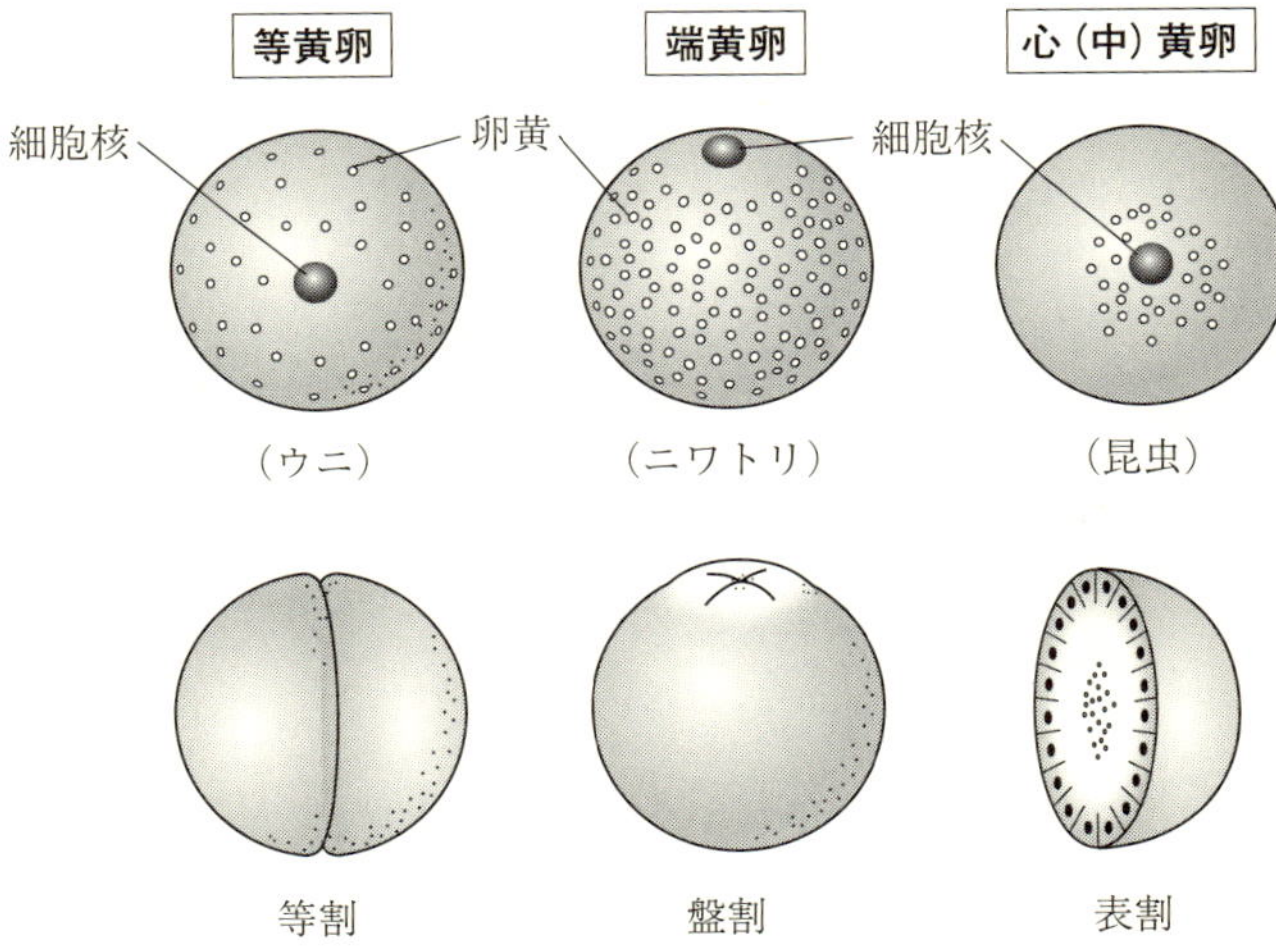

図4-2　卵黄の位置と卵割の三様

鶏卵は一部に卵黄が集中的に分布しているが（強端黄卵）、ウニ卵やヒト卵は均一に分布している（等黄卵）。カエルの卵は、卵黄が端の部分に偏在しているし（弱端黄卵）、昆虫の卵は中央部に卵黄が集中している（心黄卵）（図4-2）。

卵黄が集中している部分は細胞質が少なく、卵黄が少ない部分が結果的に優先的に分裂することになる。したがって、ウニやヒトのような等黄卵では均一に分裂が起こるが（等割）、カエル（両生類）や昆虫では卵黄の少ない部分が分裂するので、卵割の偏在が起こる。昆虫では卵の中央部に卵黄が多く存在するので、卵割は卵表面に集中することになる（表割）。

卵割は初期発生の基本反応であり、その空間分布は当然ながら初期発生のあり方を大きく左右する。したがって、初期発生の空間的な制御は、種によってかなり違いがあるということに

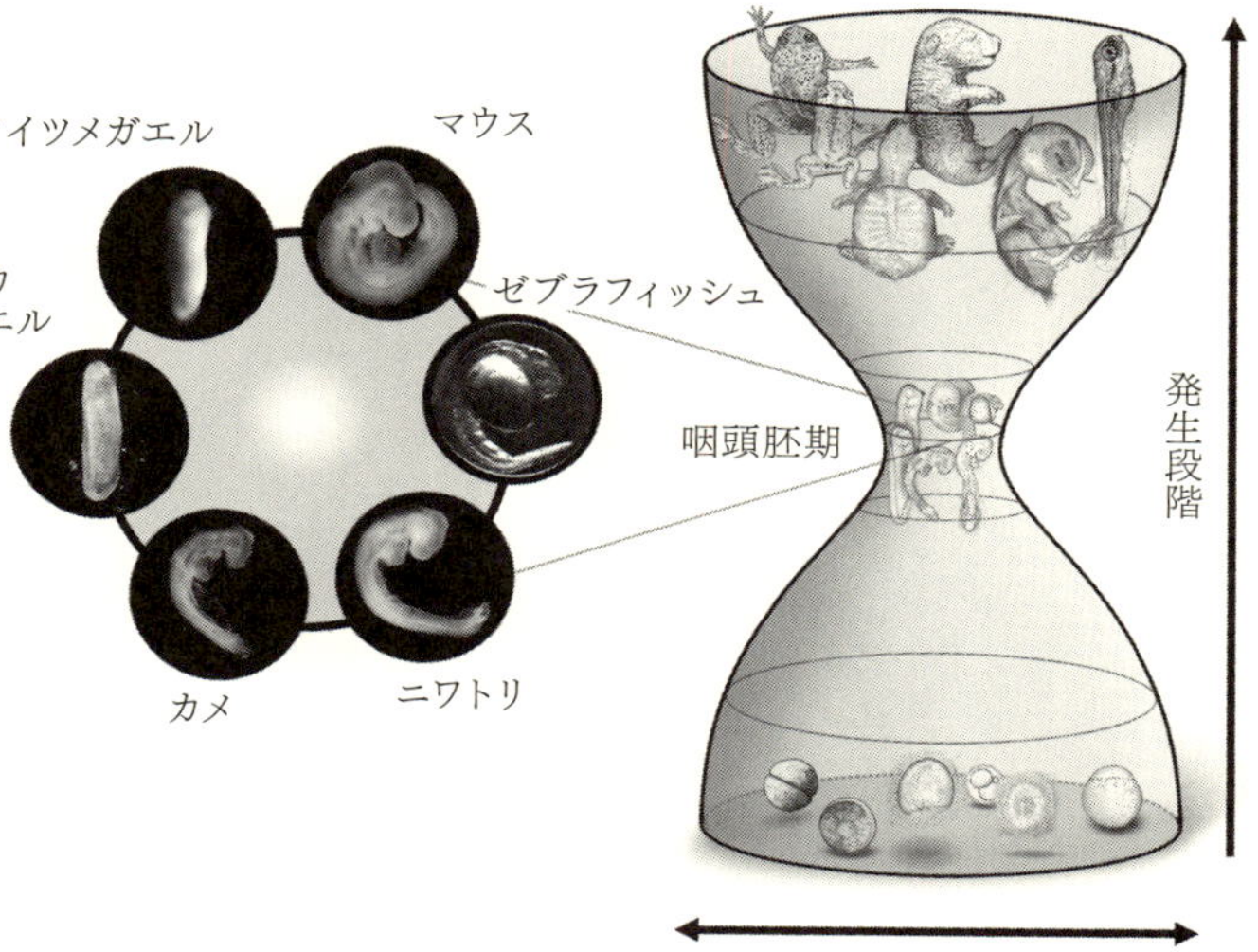

図4-3　アワーグラス・モデルとファイロティピック段階　"Why has the bodyplan of vertebrates remained so conservative through evolution?"（http://dev.biologists.org/content/141/24/4649）fig. 1（東京大学・入江直樹氏提供）

なる。

いっぽうで、卵や成体の形態的多様性から見ると、発生中期には驚くほど共通性の高い形状を有する時期を経由して発生が進んでいく。両生類や鳥類、哺乳類などの脊椎動物は前述のとおり、卵の形状やサイズ、卵黄の分布などはさまざまであるが、発生初期に一次的にみな同じような形態の胚を経由する。

このように、胚が発生中期に一種の共通形態に収束し、再度形態的に複雑化・分岐していく現象は、「**アワーグラス**（砂時計）**・モデル** hourglass model」として知られている（図4-3）。

この現象は、古くは一九世紀にドイツの発生学者、カール・エルンスト・フォン・ベーアが報告した。アワーグラス・モデルの概念は、スイスの発生学者ドニ・ドゥブールが提唱したものである。

一九世紀初めにフランスの発生学者エティエンヌ・セールとドイツの解剖学者ヨハン・フリードリッヒ・メッケルが、胚発生の複雑化の過程が地球史上における動物の複雑化過程と類似していることを指摘した。その後、フォン・ベーアは、「共通の特質は特殊な形質に先行して形成され、特殊な形態は共通の一般的形態から生み出される」というベーアの法則を提唱した。さらに、ドイツの生物学者エルンスト・ヘッケルが、当時注目を集めたダーウィンの進化論を発生学に結びつけ、「個体発生は系統発生を繰り返す」という有名な「**ヘッケルの反復説**」を唱えた。個体の発生の際に、生物進化の軌跡が繰り返されるという概念である。

これらの概念は、複雑な形態をもつ生物は、発生段階で共通の出発形態をとることが前提となっている。しかし、卵は種によってかなり多様であることが指摘され、実際にはちょうど砂時計の中央がくびれているかのように、発生の一時期だけ多様性に乏しい共通形態が出現するというアワーグラス・モデルの考えが登場してきたのである。

これを具体的に説明してみよう。脊椎動物 vertebrate（ヒトやカエルのように脊椎をもつ動物）では外胚葉の一部が板のような構造に変化したあと、溝のようにへこみ（神経溝 neural groove）、これがめり込んで神経管が形成される。この際に胚は全体的に神経溝に沿って前後に長くなり、神経管直下の中胚葉が分化して脊索という中心軸構造ができる。これを過ぎるころ、胚はさらに前後に伸びて尾部が作られ、さらに咽頭が形成される（「**咽頭胚** pharyngula」という）。

興味深いことに、この咽頭胚はヒトもカエルも形態的に非常によく似ているのである。なお、このような胚の共通形態を示す時期は、動物の分類学上の「門 phylum」に特徴的であるため、「ファイロティピック段階 phylotypic stage」と呼ばれている（前掲図4－3）。

近年、理化学研究所の入江直樹《なおき》（現在は東京大学）と倉谷滋《くらたにしげる》らが、このファイロティピック段階の胚で発現する遺伝子群を網羅的に解析し、これらの遺伝子群の発現パターンが種々の属で高度に保存され、進化的に古くから存在するタイプのものであることがわかってきた。[*1] つまり、脊椎動物の形態的特徴は共通の収束形態を経由して形成されていくことが、分子レベルでも支持されたことになる。

卵や成体では大きく形態的に異なる生物種が、共通のファイロティピック段階を経ることの意義は、現在まだよくわかっていない。発生中期は外部ストレスなどに脆弱な時期であるため共通の防御的構造をとっているのではないかという説や、そもそも発生中期は進化的に変更できない保存的なプロセスであるからという説などがある。

いずれにせよ、現時点でいえることとしては、生物の形態的な多元性は、少数の基本構造から生み出されるということである。多様な生物の形態は共通の基本形態から生まれるのである。

これと似た話として、第一章で「体軸」の登場が進化を加速させたことを述べた。発生においても体軸というプラットフォームがまず構築されたうえで、個々のパーツの個性化が起こるというのは興味深い。

なお、このような多元化に関する原則は、形態形成だけに留まらない。生命多元性の大本であるDNAの多様化を推進する減数分裂期組換えについても、相同染色体の対合という共通の基本的構造に収束したのちに、遺伝情報の多様化が生じるようになっている。

つまり、生物においては、共通構造や一定の枠組みを保ったうえで、秩序ある多元性を作りだすことが、どうやら原則になっているようなのである（一〇九頁、図2-16）。言い換えると、生物は単純に無秩序な放散ではなく、秩序とカオスの境目の絶妙なところで多元性を生成している。この絶妙なところというのは、前章で述べた「セル・オートマトン」の項目で登場する「カオスの縁」に近い状態なのであろう。

分化多能性と幹細胞

生命の形づくりにおいて、その基本的構想であるゲノムDNA情報は、個々の細胞に等しく実装されている。英国のジョン・ガードンは、一九六二年にカエルの体細胞から細胞核を取り出し、これをあらかじめ核の機能を失わせておいたカエル卵に注入することで、一個の完全なカエル個体を生み出すことに成功した。いわゆる「**体細胞クローン** somatic clone」の作製に成功したのである。この実験結果の意味する重要な点は、我々の体細胞に存在する細胞核には、基本的に体全体を作るのに必要なすべての情報が含まれているということである。

異なる多様な器官を形成する際には、当然異なる遺伝情報が用いられることになる。すべての細胞が同じ遺伝情報をもつならば、問題はその細胞の個性化・多様化がどのようにおこなわれるかである。ここで、第二章で述べたエピゲノムが重要となる。個々の細胞核には、特定の遺伝子発現パターンを固定化・記憶する仕組みがあり、これにより単一のゲノム情報をもとに細胞の特殊化・多様化が

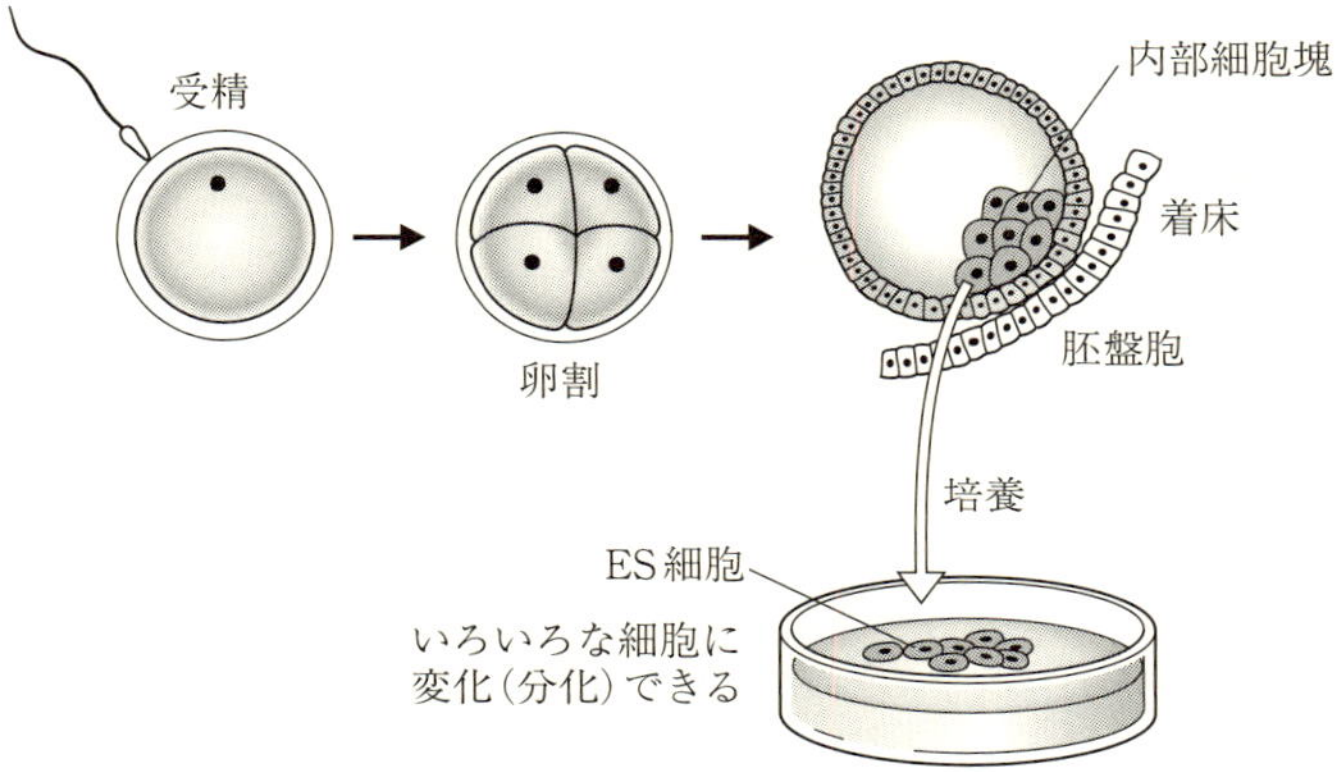

図4-4　ES細胞（胚性幹細胞）

後天的におこなわれていくのである。

受精卵のように胎盤や個体に変化可能な能力のことを「**分化全能性** totipotency」という。一卵性双生児は一つの受精卵が最初に卵割した際に、それぞれの割球が別々の個体に発生していったものである。このように、動物細胞では発生の極初期の受精卵にこの能力が限定的に認められる。

基本的に動物の受精卵では卵割のたびにいろいろな細胞に化ける能力（「多分化能 pluripotency」という）が失われていくのであるが、初期胚（胚盤胞期）の胚内部に存在する内部細胞塊、inner cell mass（この部分が後に胎児になる）（**図4－4**）を分離して培養すると、ほとんどの細胞に分化可能な特殊な細胞が確立できる。

このような細胞は多分化能を有しており、いろいろな細胞に枝分かれのように分化する能力をもつので「**幹細胞** stem cell」と呼ばれている。とくに内部細胞塊に由来する幹細胞は、胚性幹細胞（ES細胞 embryonic stem cell）と呼ばれている。ES細胞は再生医療に重要で多くの研究費が投じられているが、ヒトの場合受精卵を犠牲にする必要があるため、宗教的・倫理的問題があると指摘されていた。

いっぽうで、植物については体細胞のほとんどでこの分化全能性が維持されている。たとえば、挿し木のように枝を切り取ってきて土に植えると、一本の完全な個体にまで生長する。ニンジンのような植物では、体細胞をしかるべき培養液で育てると「カルス callus」という塊状の細胞が生じる。このカルスに適当な植物ホルモンを作用させると、再度もとの植物体が再生するのである。

動物細胞でも、いちど特殊化した体細胞から分化多能性を有する細胞が得られれば、すでに述べた宗教的・倫理的問題が解消されるはずである。こうして得られた細胞が、京都大学の山中伸弥が見出した**iPS細胞** induced pluripotent stem cell（人工多能性幹細胞）である。いちど分化して特殊化した細胞は、相対的に固定的なエピゲノム状態をとっており、これにより分裂後も細胞の特質を維持し続けることが可能になっている。

エピゲノムは、すでに述べたとおり、不可逆的な変化を伴うのではなく、可逆的な細胞変化をもたらすものである。そこで、何らかの方法を用いることで、受精卵のような多分化能を回復できる可能性が出てくる。実際には、受精卵やES細胞内で見られる「エピゲノムの初期化 epigenetic initialization」を用いることで、分化した体細胞に多分化能を再付与することが可能になる。

初期化のプロセスでは、細胞を受精卵の段階に先祖返りさせるような反応が起きている。具体的には、エピゲノムの仕組みであるDNAのメチル化やヒストンに結合したメチル基などを外す「脱メチル化 demethylation」反応が有名である。iPS細胞を作る際も、分化多能性を有する細胞（受精卵の内部にある）で発現している遺伝子を通常の細胞に強制的に発現させることで、分化時に固定化したエピゲノムの初期化が誘発され、幹細胞や受精卵のようなエピゲノム環境が一部回復したと考えられている。

なお、生物個体には受精卵ほどではないが、ある程度の分化の自由度を有する「体性／成体幹細胞somatic stem cell」が存在している。たとえば、赤血球や白血球などを生み出す造血幹細胞、心臓や血管・骨などの再生に関わる間葉系幹細胞、神経の再生に関与する神経幹細胞などがよく知られている。

これらの細胞では、分化しきった細胞とは異なり、ある程度柔軟に変更可能な「柔らかい」エピゲノム状態が維持されており、何らかの刺激により細胞分化が誘発されることで、臓器の細胞の新陳代謝がおこなわれていく。つまり、生物は多元性を生み出すために、ここでも「変える部分」と「変えない部分」の使い分けをしているのである。

体の座標軸決定

生物の発生では、まず体の構造形成のための三次元座標軸の決定が起こる。動物の受精卵の初期発生段階においては、脊椎のような体軸を規定する前後軸がまず構築される。最初期に決定される前後軸の位置決めには、卵が形成されるときに卵の内部構造にあらかじめ組み込まれている方向性、生物学でいう「**極性** polarity」が重要である。

卵は母体内で始原生殖細胞という出発点となる細胞から減数分裂を経て形成されるが、卵が成熟す

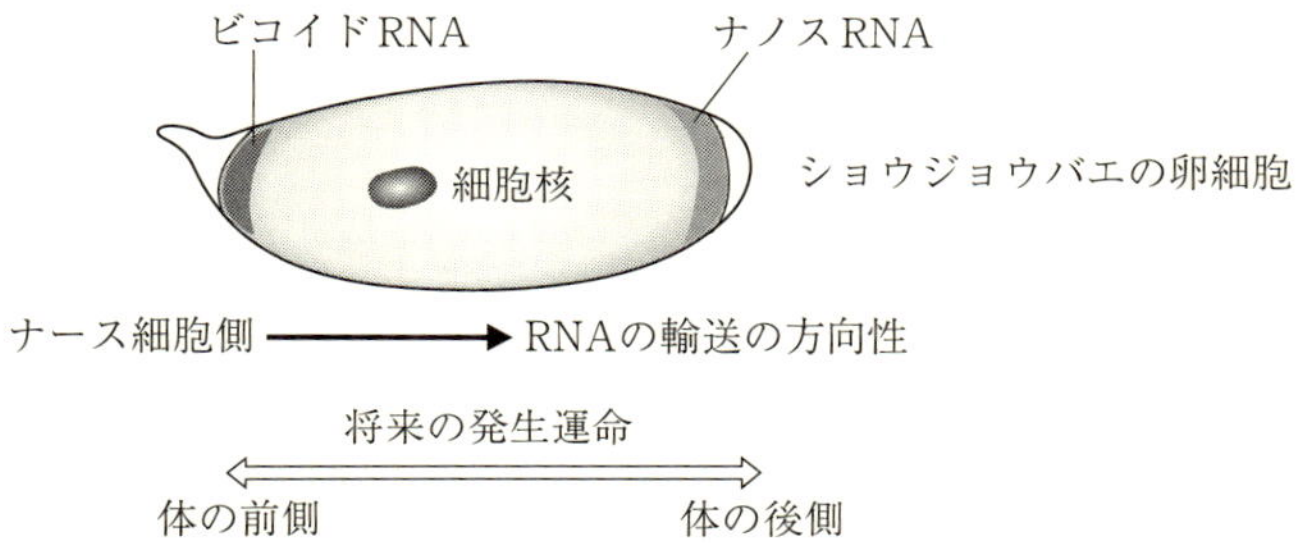

図4-5　ビコイドとナノスの偏在による前後軸の決定

る際に受精後の卵割を支える栄養物質の貯蔵も必要になる。昆虫などでは、卵の周辺に存在する哺育細胞が細胞間連絡というすきまを通して栄養を卵に供給し、卵を成熟させている。

この際にビコイドやナノスという名前の付いた卵特有のRNAも送り込まれる。このような卵母細胞に蓄積され、後の発生に用いられる母由来のRNAやタンパク質は、母方由来の形質を卵細胞質経由で子に伝えることができる。このような因子をコードしている遺伝子のことを「**母性効果遺伝子** maternal-effect genes」という。ショウジョウバエの卵の前後軸は、以下に記すように卵の前後でこの母性効果因子の濃度が次第に薄くなっていく状態（濃度勾配）によってもたらされている。

ショウジョウバエにおける母性効果遺伝子として有名なビコイド遺伝子から合成されるRNAは、卵の先端に濃縮する形で輸送される。反対にナノスという母性効果遺伝子から作られるRNAは、卵の後端部分に濃縮して存在している（図4－5）。

つまり、卵内部ではビコイドRNAとナノスRNAの濃度が部位によって異なる（相反的な濃度勾配が形成されている）のである。ビコイドRNAは受精後にはじめて翻訳され、ナノスRNAは産卵後に翻訳される。これらはそれぞれ胚の前方・後方部分の遺伝子発現を調節するタンパク質を生み出し、卵内で濃度勾配を作ることになる。発生が進むとこれらのタンパク質の濃度勾配にしたがって、前後軸が形成されるというわけである。

このような前後軸の決定に加え、背腹軸や左右軸の決定がおこなわれる。左右軸は、文字どおり生物の体の右と左の違いを規定する。たとえば人体では心臓が左側に位置しているなど、左右非対称の構造になっている。ごくまれに(一万〜二万人に一人の割合)、内臓逆位といって左右が反対になっている人がいるが、左右非対称性が中途半端に異常を来すと、心臓奇形などの先天性の疾患に結びつく。人体などでは、対称性の破れを自発的に生み出すことで、合理的な形態形成が可能になっているのである。

左右軸の決定機構は、大阪大学の濱田博司《ひろし》らなどが明らかにしてきた。具体的には、マウスなどの哺乳類では、胚発生の際に生じる「ノード node」と呼ばれる窪《くぼ》んだ特殊な領域(両生類の原口背唇と呼ばれる部位に相当する位置に形成される)で生み出される微弱な「水流」によって、左右軸の決定がおこなわれる。

この水流は、ノード細胞から生えている**繊毛**という微小な繊維が旋回することで生み出される。左右軸は、ノード内の水流の偏り(上流が右・下流が左)を細胞が検出し、その違いを伝える細胞内の信号が左右を分ける遺伝子の発現をコントロールすることで決定されると考えられている。つまり、微小な毛の動きが作るミクロの水流で、体の左右軸というマクロな構造が決定されているのである。

以上のように、まず前後軸が確立し、次いで背腹軸や左右軸が確立していくことで、生物の体に関する三次元座標軸が完成する。あとは、この座標軸のしかるべき位置でしかるべき器官を形成する遺伝子がはたらき、複雑で多様な生物の体ができあがっていくことになる。

具体的には、前後軸が形成されたあと、前後の上に物差しの目盛りのようなはたらきをする体節が作られる。体節形成に関わるのが「ペアルール遺伝子 pair-rule gene」である。その一例として、「*fushi tarazu*」という日本語由来の遺伝子がある。この遺伝子に変異が入ると、奇数番号の体節が足りない幼虫が形成されることから、このような名前が与えられた。

分節遺伝子の作用により体節が確立すると、前後軸上の位置に応じて各体節が特殊化し、頭部や胸部、脚、尾部などが構築されていく。

第一章で登場した塊を作って並んで存在するＨｏｘ遺伝子群は、この体軸に沿った細胞の特殊化を指定する遺伝子群で、それらの機能は形態形成に関する遺伝子の発現を調節することにある。Ｈｏｘ遺伝子はそれ自身遺伝子を制御するタンパク質をコードする。

スイスのヴァルター・ゲーリングらは、これらの遺伝子がいずれもホメオボックスという共通構造をもつことを明らかにした。このような一連の遺伝子を総称して「ホメオボックス遺伝子 homeobox gene」と呼ばれている。

ちなみに、ホメオボックスの名称の起源となったのは、ホメオティック変異というショウジョウバエの一群の突然変異である。一例としては、アンテナペディアという触角が脚に変化する変異があるが、この原因遺伝子もホメオボックスをもっている。

ホメオボックス遺伝子の一つに、眼を作るはたらきのある「Ｐａｘ６遺伝子」がある。これはショウジョウバエからヒトまで広範な種に存在する遺伝子である。この遺伝子をショウジョウバエの種々の部位ではたらかせると、驚くべきことにその部位に新たな眼ができた。また、マウスのＰａｘ６遺伝子をショウジョウバエで発現させても、眼が形成されることがわかった。ただし、できた眼はマウスの眼ではなく、ハエの複眼だった。この結果は、ハエからマウスまで共通の単一の遺伝子がはたらくだけで、眼の形成に関する最初の引き金が引かれることを意味する。

このような複雑な遺伝子発現の連鎖の最初のきっかけを作る遺伝子を「マスター制御遺伝子」という。ホメオボックス遺伝子の多くは、マスター制御因子として体節の特殊化を促し、ボディ・パーツの形成を制御しているのである。

以上をまとめると、さまざまな多元的な器官の形成により複雑で多様な生物の形が作られていくが、そのプロセスは三つの座標軸の形成後に区分けをおこない、各区分けの特殊化を施すという基本的で共通の作法を踏襲しているのである。保守的な基本的枠組みを維持しながら一部は大胆に変化を導入していく巧妙な多元化の機構がここでも見られる。

細胞の大移動

生物個体の発生では、まず三次元座標軸が定まってから、細部の構築がおこなわれることを見てきた。しかし、動物細胞では発生過程で細胞はずっと同じ場所に留まっているわけではなく、ある段階で大規模な細胞の移動が起こることが知られている。

たとえば、胚発生の初期に、大規模な細胞移動が起こる。細胞は非常に固定的に見えるが、実はアメーバ運動のように移動可能である。細胞内には筋肉を構成しているのと同種のアクチン繊維という構造をもっており、これに結合するミオシンという分子モーターのはたらきにより、細胞膜を変形させたりして活発に動く。この際、組織のある部位から何らかの誘引物質が合成され、その部位から遠ざかるにしたがってその誘引物質が薄まっていくという濃度勾配が形成されると考えられている。その濃度勾配に沿った形で、細胞がマスゲームをするかのように移動していくと考えられている。

このような大規模な細胞移動現象は、器官形成や傷の治癒（創傷治癒）の際にも見られる。体表面や組織表面に存在するたがいに固く結合した非運動性の細胞（上皮細胞）が、何らかのきっかけで性質が変わり、細胞間接着性が変化して別の位置に移動するのである。これを「**上皮間葉転換** epithelial-to-mesenchymal transition」と呼んでいる。

この現象自体は、創傷治癒など生体の生存に不可欠な反応であるが、がん細胞でこの反応が起こると転移や浸潤などがんの悪性化に結びつく。がんは発生した部位に留まっていれば、手術や放射線治療などで治療の手段がある。しかし、がん細胞が上皮間葉転換を起こし、接着性が失われて血液やリンパ液を通じてほかの臓器や組織に転移すると、治療箇所が多くなりすぎて外科的な方法が使えなくなり、抗がん剤を用いた内科的治療のみが可能になる。

しかも、がんは高速にゲノムが変化する細胞でもあり、抗がん剤治療中に一種の進化を起こし、抗がん剤への抵抗性を獲得することがある。このような場合は、内科的治療でも効果が期待できなくなる。したがって、がんは早期に発見して除去するのがたいへん重要になってくるのである。

正常な上皮細胞は、外部からの防御機能のために、細胞同士が接着結合や接着斑、ギャップ結合などのような強固なジッパー・連結装置でつながっている。また、組織の中で分化した細胞がしかるべき位置に集まり、接着するために、**細胞接着分子**という物質が細胞間の識別をおこなっている。

近縁の海綿であるムラサキイソカイメンとダイダイイソカイメンの細胞をバラバラにし、混合させてしばらく放置しておくと、それぞれの種の細胞が集合してたがいにムラサキとダイダイの二色に分かれた凝集体を作ることが知られている。これは、同じ種の細胞を識別して特異的に接着する仕組みがあるからである。

同様な細胞間の相互作用は、脳や神経ネットワークの構築にも重要なはたらきをしている。神経細胞(ニューロン)は長い軸索axonを有している(一四九頁、図3−8)。軸索がしかるべきニューロンと接続することで、機能的な神経系や脳が構築される。この際、軸索は長い距離を目標の位置めがけて伸びていくのであるが、この伸長を制御する物質が存在する。その中には、誘引性の物質や反発性の物質があり、これらに対する濃度勾配に応じて、しかるべき神経の軸索の配線がおこなわれる。

つまり、細胞を呼び込んだり、押しのけたりする物質により、高次な器官の形成がサポートされる原理が普遍的に見られるのである。さらにニューロンがたがいに相手を識別して適切に接着し、神経回路網が構築されていく。

以上のように、細胞間のネットワーク形成においても、「自己」と「他者」の認識が重要なのである。また、その相互作用も細胞移動などでダイナミックに変動し、最終的にしかるべき臓器ができあがるべく試行錯誤による自己組織化がおこなわれているのである。

誘導とオーガナイザー

動物の発生において、細胞の移動や接着、相互認識を通じて細胞間にダイナミックな高次ネットワークが作られ、またこれにより複雑で多様な動物の組織や器官が生み出されていくことを見てきた。細胞間のコミュニケーションは、細胞同士の直接的な結びつきをもたらすだけでなく、細胞の性質変化にも関わっている。

生物の形づくりでは、多様な細胞と細胞の間に生じるネットワークが重要な役割を果たす。生物の各器官は、胚内部の細胞が別の細胞にはたらきかけて順次形成されていく。このように、ある細胞が近隣の未分化の細胞に分化を促す作用を「**誘導** induction」という。

ドイツの先駆的な発生学者であるハンス・シュペーマンは、一九世紀最後から二〇世紀はじめにかけて、イモリの眼の発生を研究した。脊椎動物の発生の箇所で述べたが、神経や脳ができるまえにその元となる「神経管」という管状の構造が胚に作られる。神経管の前方は膨らんでいき、やがて脳になっていくが、その一部は眼胞という袋状の突起になる。眼胞の表皮側部分は柔軟性に富む神経網膜層に分化していく。この部分は胚の表皮の裏側に接触し、接触した眼胞の神経網膜は内側に落ち込んで眼杯という杯状の構造を作る。この眼杯と接触した表皮は水晶体（レンズ）に変化する。シュペーマンはこの眼杯を損傷させると、水晶体の形成が起こらなくなることを見出した。

なお、水晶体はさらに表皮にはたらきかけて角膜の形成を促す。このように、眼ができる過程では、形成された器官が次の器官の形成を連鎖的に誘導していくことで、複雑な器官が構築されていく。すなわち、生命の形は、まず基本となる土台を作り、その土台が次の土台を作り、さらにそれがほかの器官を作るというように、階層的かつ段階的に作られていくのである。

誘導は眼だけでなく、体全体の構築にも重要である。シュペーマンは非常に器用な研究者で、二細胞期のイモリ胚をうぶ毛でしばり、人工的にイモリの一卵性双生児を作りだすことに成功していた。この結果は、後成説を支持するもので、初期の割球には体全体を作る情報が必ず含まれていることを示した。

いっぽうで、胚の発生が進むと二細胞期のように胚全体を形成する能力が失われる。かわりに、胚の一部は決まった体の部分を形成するように固定化・特殊化していく。ドイツの動物学者ヴァルター・フォークトは、生体にあまり影響のない色素を用いてイモリ胚の一部を着色し、その箇所が将来体のどの部分になるか（予定域という）を追跡することで、胚の各部が将来どの器官になるかの地図（**予定運命図**という）を作成した（図4−6）。

これらの発生の予定域はいつどのようにして決まってくるのだろうか。シュペーマンは、卵の色が異なる二種類のイモリの胚を用いて、巧妙な移植実験をおこなった。二つの受精卵を同時に受精・発生させ、その一部を切り取って色の異なるもういっぽうの胚の別の位置に移植したのである。すると、原腸期という発生の時期で、移植された位置に応じて移植片が発生した。つまり、細胞がどのような器官になるかはこの時期には決定されておらず、移植された場所で新たな運命を得ることができるのである。

ところが、原腸期よりもう少し先に進んだ神経胚期の初期になると、今度は移植片はもとの胚で予定されたとおりの器官に分化した。このことから、神経胚期のころまでに各領域がどのような器官になるかが決定していることがわかったのである。

　では、この時期までに起こった変化は何が重要なのだろうか。原腸胚期が進行するにつれて、大規模な細胞運動により胚内部に受精卵の一部（原腸という。「原腸胚期」ということばはこれに由来）が陥入し、この部分から中胚葉・内胚葉が作られる。胚葉という用語は、動物の発生初期に見られる細胞のカテゴリーのことである。内胚葉は、将来消化管や肝臓、肺などの臓器になる領域である。中胚葉は、将来筋肉・骨格・結合組織や心臓などになる。外胚葉は、皮膚や感覚器、脳神経になる。この際、原腸胚の外層の外胚葉で神経板に変化する部分には、内側から中胚葉が接触するようになる。シュペーマンは、この際にイモリの眼胞がレンズを誘導するように、中胚葉が外胚葉にはたらきかけて神経板の形成を誘導するのではないかと推測した。

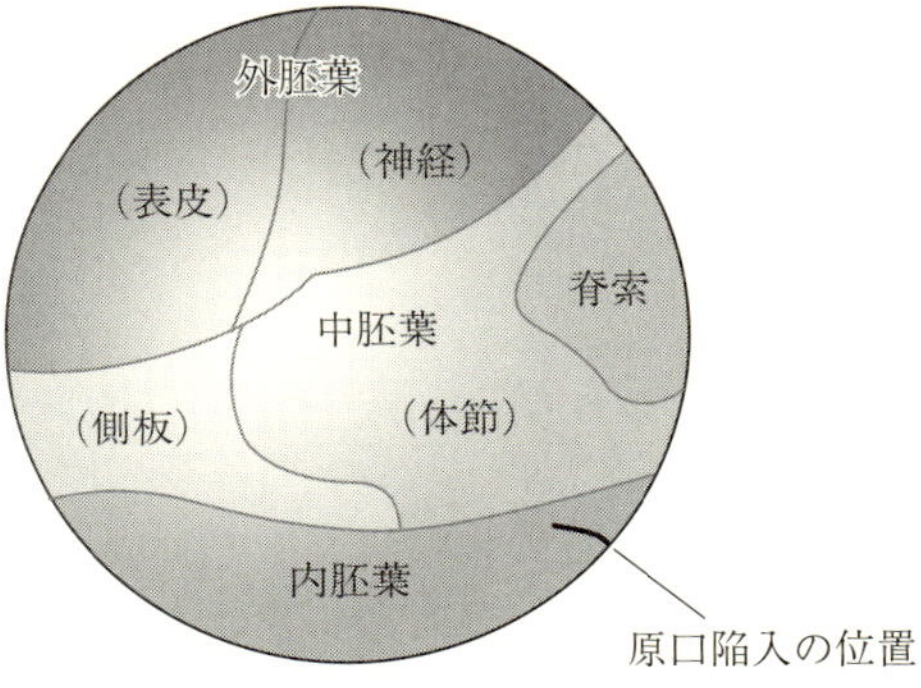

図4-6　フォークトによる予定運命図

　シュペーマンの弟子であったヒルデ・マンゴルト（旧姓プレショルト）は、すでに述べた「**原口背唇 dorsal lip**」という部位を、ほかの受精卵の原口と反対側の部分に移植する実験をおこなった。その結果、本来の神経板に加え、この移植された原口背唇部が二次的な神経板を作り、場合によっては双頭の尾芽胚（結合双生児）に

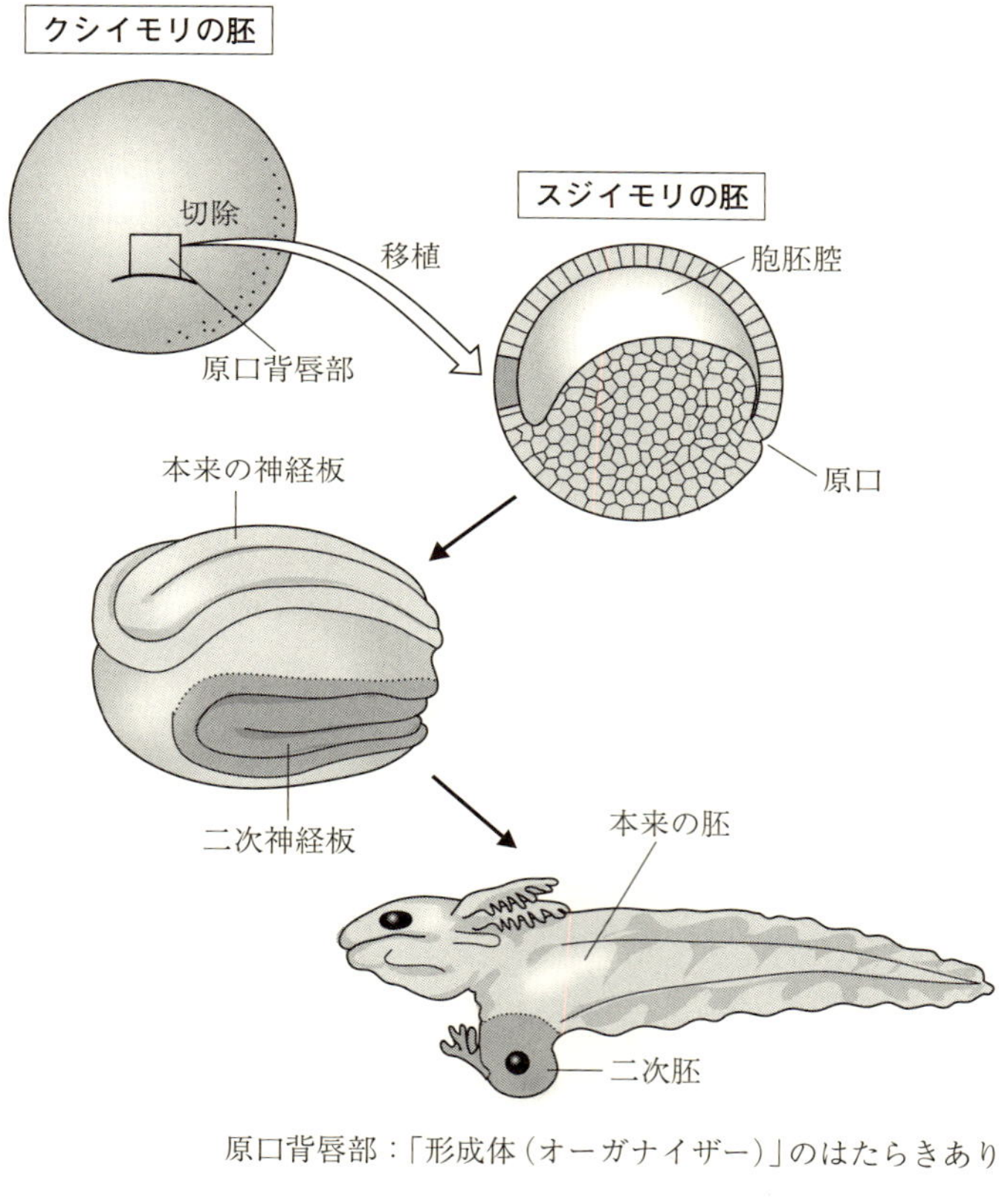

図4-7　イモリの二次胚形成実験

まで発生することがわかった（図4－7）。

移植された領域は、本来神経板になるような部位ではなく、表皮になる領域であったことから、移植された原口背唇部があらたに神経管や脊索（脊椎のような体の中央に走る背部の支持器官）を誘導したことになる。原口背唇部はほかの部位とは異なり、神経板・体軸を誘導する能力を原腸胚の初期段階から有していることがわかったのである。

シュペーマンは、先行してほかの組織を誘導する能力をもつ原口背唇領域を特別に「**形成体（オーガナイザー organizer）**」と名付けた。このように、個体の体軸を構成する中心器官の構築にも、誘導は重要なはたらきをしているのである。なお、シュペーマンはこの業績によってノーベル生理学・医学賞を受賞するが、ヒルデ・マンゴルトは悲運にも火傷《やけど》で二五歳の若さで亡くなった。

誘導物質

生物の発生は、細胞同士の相互作用により段階的に誘導の連鎖が起こり、複雑な器官の構築が可能になっている。この誘導のメカニズムが次の問題である。

イモリやカエルなどの両生類の受精卵で、原腸陥入後に内胚葉が外胚葉に接触して中胚葉が誘導されることはすでに述べた。アフリカツメガエルの卵は卵黄が少ない部分（動物極、アニマルポール animal pole と呼ぶ）を切り取って培養すると、表皮・外胚葉だけが生じる。

逆に、卵黄が少ないほうの端部（植物極という）側を切り出して培養すると、臓器様の内胚葉が生じる。そして、どちらの場合も中胚葉ができてこない。また、動物極と植物極を接触させて培養すると、今度は中胚葉ができる。

これらの結果からわかることは、内胚葉と外胚葉の相互作用により中胚葉が誘導されるということである。内胚葉と外胚葉を穴の開いたフィルターのようなもので遮っても中胚葉誘導は生じるため、何らかの物質が両者間で作用し、中胚葉形成を誘発すると考えられた。

中胚葉誘導に関わる物質を同定するため、動物極周辺の細胞（アニマルキャップ animal cap）を単離して培養する際にさまざまな物質を添加し、どのような組織が形成されるかを調べる実験（アニマルキャップアッセイ）がおこなわれた。

東京大学駒場（総合文化研究科）に所属していた浅島誠らは、アニマルキャップアッセイでさまざまな候補物質について中胚葉誘導活性があるかどうか調べた。その結果、アクチビン activin（トランスフォーミング増殖因子β〔TGF-β〕の一種）を加えたところ、脊索を含むさまざまな中胚葉組織がアクチビンの濃度に依存して形成されることを明らかにした。[*2] つまり、アクチビンは中胚葉**誘導物質**の一つである可能性が示された。トランスフォーミング増殖因子は、上皮や骨などの細胞分化や細胞増殖の抑制に関わっている小さなタンパク質であり、複数の仲間が存在する。その後の研究で、トランスフォーミング増殖因子の仲間が複層的に作用することで中胚葉誘導が起こることがわかってきた。

上記のような形態形成や分化誘導の活性のある一群の物質は「**モルフォゲン** morphogen」と呼ばれ、多細胞生物の形態形成に必須な役割を果たしている。モルフォゲンは情報伝達物質を介した細胞内外のネットワーク制御を通じて、生物の形態形成を制御している。発生過程で生じた多数の細胞は、モルフォゲンなどを通じておたがいにある種の情報ネットワーク通信をおこない、しかるべき位置へ移動したり、個々の細胞の自律的な特殊化を促していったりするのである。

モルフォゲンの概念は、二〇世紀初頭には登場していたが、これをしっかりと定義し直したのが南アフリカ生まれの英国の発生学者ルイス・ウォルパートである。ウォルパートによれば、モルフォゲンは胚の一部から生成されて別の部位に移動する物質で、移動の際に胚内部に生じるモルフォゲンの濃度勾配を通じて細胞の特殊化がおこなわれる。つまり、モルフォゲンの勾配により、胚内の細胞は自らが置かれた位置を知り、それに応じた遺伝子群を発現して、空間的に妥当な器官を形成するようになると考えるのである。

実際には、そのような単純なモルフォゲンの拡散では、個体の形態形成をすべて説明することができない。たとえば、モルフォゲンの単純拡散説では、切断されたイモリの肢の再生やプラナリアの体の再生など、個体内でときどき見られる器官の再生を説明できない。なぜならば、いちど個体にまで発生が進んでしまえば、発生時に肢を形成したときのようなモルフォゲン勾配はすでに失われているはずだからである。

ではどのようにしてモルフォゲンは形態形成を制御しているのであろうか。現在提唱されている有力な説の一つに、アラン・チューリング（前章で登場したチューリング・マシンの概念を提唱した）による「反応拡散モデル reaction diffusion model」がある。このモデルの詳細は数学的な内容を含むので、ごく簡単に要点だけ説明しよう。

まず、モルフォゲンのほかに第二の因子を設定し、この因子がモルフォゲンのはたらきを抑制すると考える。加えて、モルフォゲン自身も自らを活性化するはたらきをもつと仮定する。これを数式で表現して、モルフォゲンや第二の抑制因子の拡散のしやすさや両者の相互作用の強さをいろいろと変化させると、モルフォゲンの周期的変化などのさまざまなパターンを形成することができる。つまり、促進（正）と抑制（負）が複雑に組み合わさった相互作用のネットワークにより、ある種の形態パターンが生成するというわけである。

正と負のネットワーク相互作用で複雑なパターンが生成するという概念は、セル・オートマトンやライフゲームの部分で説明した自律的な複雑系パターンの生成と基本的に同じである。大阪大学の近《こん》藤滋《どうしげる》らは反応拡散モデルを用いて熱帯魚の縞模様の形成を説明した。[*3] また、京都大学の影山龍一郎らのグループは、脊椎の形態形成を制御する遺伝子の発現が同様な周期的な振動を起こすことにより、周期的な脊椎の数が決定されることを実験的に示している。[*4]

つまり、生物の複雑で高次の形態は、細胞間の複雑なネットワーク相互作用によって生み出されているのである。また、このようなネットワーク制御は外部からの摂動に対して打たれ強いしぶとさを示すことが知られている。これにより、多少の環境変動のもとでも、同じような形態が再現的に形成されるようになっているのである。

アポトーシスによる削り込み

生物の形づくりのもう一つの特徴的な戦略は、不要な部分をあとからそぎ落とすというやり方である。たとえば、発生初期には指の間に水かきのような組織が形成されているが、ある時期になるとこの部分の細胞が選択的に自殺をすることで失われ、間の空いた指ができあがる。

カエルがオタマジャクシから変化する際に尾部が消失するが、このときも細胞の自殺が起こる。免疫系の自己・非自己の認識の際、胸腺で教育を受けた免疫細胞のうち、自己抗原に反応する細胞が選択的に自殺する。このようなプロセスはすでにいちど登場した「**計画（プログラム）細胞死** programmed cell death」と言われている現象である。

プログラム細胞死には三つほどの種類があるが、その中でもよく研究が進んでいるのが、前章ですでに述べたアポトーシスと呼ばれる反応である。アポトーシスの過程を顕微鏡で追跡すると、ある時期に細胞核内で染色体が凝縮し、細胞核が断片化したあと、細胞全体が萎縮して破壊される。

英国の発生学者シドニー・ブレンナーは、線虫が一個の受精卵から成体に発生する過程で、個々の細胞がどのような運命をたどるかを、気の遠くなるような顕微鏡観察によってすべて記述している。その際に、一部の細胞が発生過程でアポトーシスによって失われることを見出した。この細胞死が起こらなくなる変異体が取得され、その原因遺伝子の解析から、アポトーシスの分子機構が明らかになってきた。

詳細な説明は他書に譲るが、エッセンスだけ紹介すると、あらかじめ細胞に仕込まれた自殺装置の連鎖的な活性化による信号伝達を介して、細胞死がもたらされる。連鎖的な信号伝達は、タンパク質合成や分泌に関わる小胞体という器官の中で起こる異常（小胞体ストレス）や、「死の結合因子（デスリガンド death ligand）」とその受容体（Ｆａｓ受容体）の結合、あるいはミトコンドリアからのチトクロムｃという分子の漏出がきっかけとなって起動される。

信号伝達自身は、カスパーゼというタンパク質を分解する酵素が連鎖的なタンパク質の切断を誘発することでおこなわれ、不可逆的なプロセスとなっている。

以上見てきたように、生物では無駄で不要なものも含めて幅広くまず作っておき、そこから不要なものを除去するという戦略が用いられることが多い。

積み木方式の植物の発生

植物の発生についても、ごく簡単に内容を紹介したい。植物の場合においても、ホルモンなどの誘導物質による分化誘導や細胞の特殊化という原則は共通している。いっぽう、一部動物と異なる側面もある。主要な違いの一つは、組織や器官の形成・成長が、「分裂組織(メリステムmeristem)」という特殊化した部位でのみ見られることである。

限られた部分で細胞が分裂して、すでにある構造の上に細胞が積み重なってできるため、植物の組織は基本的に「積み木構造」として構築される。動物の組織では、比較的広範囲の細胞で分裂が起こるのと好対照である。

根、茎、葉は、頂端メリステムにおける細胞分裂によって縦方向に生長する。茎の生長には、茎の先端に存在する茎(シュート)頂メリステムが、根の生長には、根端メリステムにおける細胞分裂が生長を推し進める。

また、茎の横方向への生長は、**形成層**(維管束形成層やコルク形成層)という側方分裂組織における細胞分裂が重要なはたらきをする。木では形成層は篩部(樹皮)と木部との間に存在し、その分裂は季節に依存する。この部分には高強度で化学的に安定なリグニンという物質が蓄積し、植物の構造的強度を増している。

木の幹の横断面には、この蓄積したリグニンが幾層にも同心円状に見られるが、これが年輪である。年輪の内側ほど昔に分裂した部分になっていて、外側に新しい層が追加され、木が太くなっていく。ちなみに、バウムクーヘン（木のケーキ）というドイツの菓子があるが、芯となる棒に層状に生地を焼き固めて作られており、実際の木の年輪のでき方を模した作り方になっている。

さて、もう一つの動物の発生との違いは、植物の発生では大規模な細胞移動がほとんど起こらない点である。植物の細胞はセルロースなどの強固な細胞壁に覆われており、細胞器官はたがいに強く接着していて、動物の発生で見られる大規模な細胞移動はほぼ不可能である。細胞移動としては、花粉管の伸長など非常に限られた過程で起こるのみである。

いっぽうで、植物にも中胚葉誘導のような細胞間コミュニケーションによる分化誘導が見られる。植物の器官で重要な分化は、種子植物の花などの生殖器官や根などの形成である。花の分化に関しては、メリステムの性質変化（メリステム転換）が重要な役割を果たすことがわかっている。植物が一定の気温変化や日長変化などでしかるべき条件下に入ると、**フロリゲン**（FTというタンパク質）が合成されてシュート頂メリステムに作用することにより、通常の成長（栄養成長）が停止し、生殖成長型のメリステムへの転換が起こる。生殖成長メリステムは、葉や茎のかわりに花を作りだす。

メリステムの転換は動物の発生における誘導に近い現象で、フロリゲンは一種の誘導物質と考えることもできる。このように考えると、一見かなり異なるように見える植物と動物の発生にも共通点が

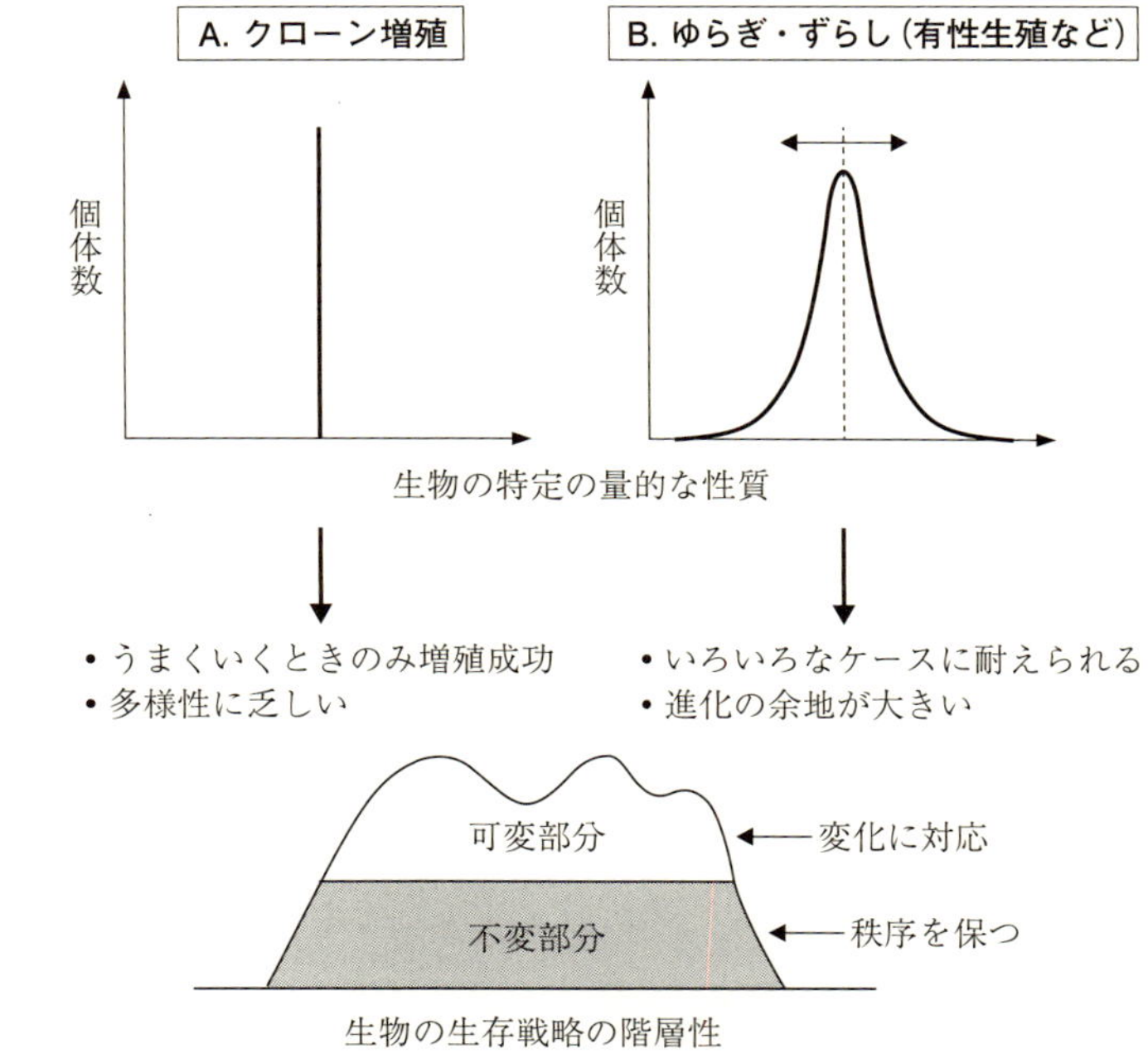

図4-8　ゆらぎ・ずらしを用いた生物の生存戦略

あることがわかる。

　生物の形づくりである発生のプロセスの要所要所で、多元性を支えるさまざまな原理がはたらいていることがわかってきた。基本的で共通のプロセスを用いながら、個々の組織や器官をさまざまな形に作り上げるため、細胞間のネットワークやコミュニケーションをダイナミックに駆使する姿が垣間《かいま》見《み》られる。

　生物の形態は非常に多様であるが、その成り立ちのプロセスを見ていくと、階層性や時空間的な動きをもったネットワーク相互作用の使い方や、積極的に変化させる場所と変えない場所の使い分け、ゆらぎや無駄を作ってから不要なものを除いていく進化に似たプロセスなど、生物の多様性を支えている共通の基本原理が重要なはたらきをしていることが理解できるだろう（図4－8）。

第五章

生物の多元性、人間の多元性

前章まで、生物多様性の歴史や多元化の機構、生物の多様性がもつ究極的な目的について見てきた。その中で、地球環境の変化に適応しながら生物が存続し続けるために、多様性が不可欠なはたらきをしてきたことが、おわかりいただけたかと思う。また、生物は世代交代の過程を通じて遺伝情報にゆらぎを与え、少しずつその存在形態をずらしながら、環境の変化に適応・進化していくことも見てきた。

このような継続的な「生命多元化の運動」は、生物を構成する物質や、生物の発生プロセスの中に内在的に組み込まれているもので、生物共通に見られる一大原理ともいえる。多様化し、ゆらぎ続けることは、生命の永続的発展に本質的に重要な意味をもつのである。

この多元化の原理を踏まえ、ここからは、人間の活動における多様性の重要性について、考察を進めたい。

進化工学的な反復的運動

近年、バイオテクノロジーの世界で、「**進化工学的方法**」という技術がよく利用されている。この進化工学的方法というのは、生物の進化の原理を用いて、よりよい機能をもったバイオ分子（タンパク質や核酸など）を設計・合成する技術である。

「進化の原理」と呼ばれているのは、以下のような生命進化を模したプロセスを用いて実行するからである。具体的には、

①DNA分子やRNA分子の配列に変異を導入して多様性のある集団を作りだす（多様化）。
②その中から一定の指標でもっとも目的にかなった分子を選び出し（選択または淘汰）、それを増幅させる（増殖）。
③その後、さらにその分子に①の変異導入をおこない、①と②のサイクルを繰り返す。

これらの反復可能な過程を繰り返していくことで、分子のもつ性質を次第に目的のレベルに近づけていく、という技術である。

生命の進化プロセスは、何度も述べているとおり、絶えず多様性やずれを作りだし続けていく反復的運動と捉えられる。その運動はしかも、何か究極的方向や、上から与えられた固定的な目標を目指して変化しているのではない。むしろ、決まった目標を定めず、与えられた状況にまず柔軟に適応できることを第一としている。そのためには、何か理想的な一つの存在に収斂《しゅうれん》していく「同一性」に囚われるのではなく、ゆらぎや多元性を作りだして積極的にさまよい続けていくことがもっとも重要になる。

似たような原理を、哲学的視座から提案した思想家がいる。「脱構築」で有名な二〇世紀最大のフランス思想家の一人、ジャック・デリダである。デリダは、「差延 Différance」や「散種 Dissémination」という概念を提示し、ギリシャ哲学以来の二元論的決定が不可能であることや、人間の認識がずれ続けていくことの重要性を説いた。

差延や脱構築の思想でデリダは、同一性に収斂しない「ずれ」や「ゆらぎ」が継続的に生起することで絶えず人間の思想が変化し、またそのずれがあること自体が人間社会の創発作用や永続的発展に重要であることを述べている。これは、ここまでに述べてきた生物多様化と存続の原理の考え方に非常に近い。

そこで、生物と社会という一見かけ離れた存在が、共通の「多元性原理」によって強靭化されているのではないかという仮説を提案したい。また、生物学における多様性原理は、本質的には環境変化に適応した持続可能性をもたらす創発性を実現する。生物学的な観点から考察し直すことで、デリダの思想がもつ創造的側面に光を当ててみたい。

ソーカル事件が教えてくれたこと

デリダのような考え方は、今日では「**ポストモダン思想**」と称される（デリダ自身は「ポストモダン」と呼ばれることに納得していなかったが）。ポストモダン思想については現在もさまざまな評価があり、それをここでまとめることは、思想の専門家でない著者の手にあまるし、もちろん適任であると思えない。けれども、自然科学の研究との関係でいえば、どうしてもふれざるをえないことが一つある。「**ソーカル事件**」である。

一九九六年に、ニューヨーク大学の物理学者アラン・ソーカルが、カルチュラル・スタディーズの専門誌「Social Text」に、"Transgressing the Boundaries: Toward a Transformative Hermeneutics of Quantum Gravity"[*1]という偽の論文を投稿し、掲載された。この論文ではポストモダンの研究が賞賛する形で引用され、もっともらしい数式とアインシュタインの相対性理論などが言及され、それが理論的に裏付けられるという内容をとっていた。

ところが、その理論はまったくのでたらめだった。要はポストモダンの研究者がでたらめの論文を見抜けるかという意地の悪いテストだったのである。この似非論文が雑誌に掲載されて、この分野の学者などから高い評価を受けたことを契機に、ソーカルらはポストモダン思想の議論において、怪しげな自然科学的言説が横行していると批判するに至った（なお、この論文を掲載した編集者らはイグノーベル文学賞を受賞している）。[*2] この事件を境に、ポストモダン思想は急速にその影響力を失うことになった。

ソーカル事件に関してはさまざまな見解があり、その全体的評価ももちろん著者の手に余る。ただ、自然科学と人文社会科学の関わりにかぎっていえば、従来あまり注目されてこなかった点が一つあるように思う。

自然科学と人文社会科学の関心や視点が、実はかなり重なりあっていることは、多くの人が感じているだろう。人間や社会が対象になる場合には、多くの場合、人文社会科学から自然科学への越境という形をとってきた。専門性などの点からみて、そうなりやすい側面はあるだろう。

しかしながら、人文社会科学研究者が一方的に自然科学の理論や術語を借りてきて自分の議論に援用する、といった状況が継続すると、持論の権威づけや正当化に自然科学の知見が濫用されてしまう状況が出てくる。そうなると、自然科学の側としても「濫用」されないよう、厳しく審査するような態度をとらざるをえない。ソーカル事件の背景に、そうした「一方向性の問題」があったように思われる。

このような状況を改めていくには、自然科学の側も「濫用」防止を図るだけでは不十分ではないだろうか。自然科学側から人文社会科学への越境や交流をおこない、自然科学と人文社会科学がいわば対等な他者として双方向的に対話していくことが重要だろう。

もう少しわかりやすくいうと、人間や社会に関する人文社会科学の対象領域に関しても——自然科学の方から見ると、ここは同じように見える、ここで重なりあっているように見える——そういうふうに、自身の見え方や知識を自然科学研究者側が提供することによって、初めて両者の間が一方向的ではなくなり、対等な他者として双方向的に対話できるようになるのではないかと考える。

もちろん、それに対して、今度は人文社会科学の側から、そこは違う、別の見方をしたほうがよい、という意見は当然出てくるだろう。いやむしろ、そのほうが望ましい。そういう形で応答を積み重ねていくことが、そのまま対話になっていく。そういう相互作用が望ましい姿なのではないだろうか。

そこで以下では、一人の生命科学者として、人間や社会とどのような面が同じように見えるのか、重なりあうように考えられるのか、をあえて言説にしてみた。これらも本当は的外れであったり、見誤っていたりするかもしれない。

けれども、先ほど述べたように、そういう「まちがい」の可能性もふくめて、自然科学の側からの見え方や知識を伝えることが、対等な他者として、すなわち後に取り上げるレヴィナスの言葉を借りれば、おたがいに「顔」をもつ者同士として、対話できる第一歩になるように思う。

差異の体系としての言語

新約聖書の「ヨハネの福音書」は「はじめに言葉があり、言葉は神と共にあり、言葉は神であった」[*3]という言葉から始まる。古来、言語のあり方は人間の思考に大きな影響を与えてきた。とくに西洋においては、キリスト教に加え、言語の捉え方が文化や哲学の発展に不可欠な役割を果たしてきた。

ちなみに、筆者が短期間留学していたパリや、ヨーロッパの諸都市では、都市の中心部に必ず大きなキリスト教の聖堂《カテドラル》があり、生活にキリスト教（あるいはユダヤ教的なもの）が深く浸透している。とくにキリスト教では聖書などの書物とその言葉が非常に重要な役割を果たしている。毎週の礼拝（最近の欧米では出席者が減少傾向であるが）で、幼少期からそのテクストに触れつづけているのが西欧の人々である。

言語学の父と呼ばれるフェルディナン・ド・ソシュールによると、ことばは「シニフィエ signifié」、すなわち意味されるもの（たとえば「犬」という概念）と、「シニフィアン signifiant」、つまり意味するもの（「イヌ」という聴覚情報）に分けられる。また、個人個人の言語活動であるが社会的に体系化された「ラング langue」（日本語や英語などの言語に相当）が存在する。

ソシュールによると、言語は「シーニュ」（つまりシニフィエとシニフィアンのあわさったもの）という記号的概念の単位により、世界を切り分けるものとされている。また、言語は「差異の体系」であると捉えられる。もう少し具体的に説明すると、「犬」というシーニュは、プードルや柴犬《しばいぬ》という見かけ上違うが「犬」という概念に属するものすべてを表し、それは「猫」などほかの動物のカテゴリーとの差異を示しているということである。

前章のディープ・ラーニングとの類似性があるのだが、シーニュを形成していくのは、継続して繰り返される多数の視覚・聴覚情報の脳へのインプットである。ディープ・ラーニングの場合、その多数の入力データは最終的にニューロンに記述《コーディング》される。その結果として、特定の概念カテゴリーに相当するニューロン（群）が形成される。このニューロン群の成立には、教育や社会におけるコミュニケーションのはたらきも関与する。そして、そのカテゴリーに対し、「猫」だとか「犬」というシニフィエとシニフィアンが当てはめられていく。

興味深いのは、この脳内にできあがったカテゴリーは、入力される視覚情報によって絶えず動的に書き換えられている点である。

たとえば、猫の新種をはじめて見た際に、その新種に反応するニューロンも「猫」のカテゴリーの中に包含される。このカテゴリーの境界はそのように動的で決定不可能な形になっている。ここで何が重要かというと「猫」とそれ以外の違い、すなわち「差異」である。

このように現代の脳科学的に考えた場合でも、言語は「差異の体系」とみなすことができるのである。後ほど詳しく記すが、ＤＮＡに代表される生物の遺伝情報も、文章と同じような記号の並びであり、生物種はいわばその差異が体系化したものであると考えることができる。

言語のパロールとエクリチュール

言語について考えるうえで重要な区別として、言語は「話し言葉」と「書き言葉」の二種類に分けられる。フランス語では前者を「パロール parole」、後者を「エクリチュール écriture」という。

パロールは、ダイアログ（対話）やモノローグ（独白）の際に生み出される言説である。要するに「声に出した言葉」である。具体的な相手に対してリアルタイムに発せられ、自らの耳に届くことで認識され、その時々の状況やコンテクスト・文脈という制約の中で意味が決まってくる。

パロールの場合は、発信した当事者がその場に存在する。そのため、発信者が誰であるかという同一性が明確である。またどのようなシチュエーションで発せられたかという点も、その場に言葉を聞かされた人間が共存しているのであり、話し手と聞き手の認識が共有されるという長所がある。

そうした性格をもつため、パロールは自分自身と特別な関係を取り結んでいると考えられてきた。パロールが口から発せられた後、自分自身の耳を通して同時的に意識されることで、自分自身が自分自身の前に現前する（「現前的存在」）。つまり自己意識をもっとも正確に反映する、と考えられるからである。[*4] なお、この意味ではパロールの中でも自分自身の声を聞くモノローグは、話し手と聞き手が同一であり、意図が一〇〇パーセント正確に反映されるので、特権的なパロールであるとされている。

いっぽうのエクリチュールは（多くの場合、一定の読者を想定して書かれてはいるものの）伝える対象には限定がない。また、読み手が文章から受けとる情報は、書き手が書いた時点からだいぶ遅れて伝達されたもので、受け手の理解まで相当の時間差がある。

それゆえ、文章は時代を超えてその内容がさまざまに伝えられる。解釈も読み手によって変化し得る。同じ文章であっても、いつ、誰に読まれたかによって、捉えられ方は千差万別に変わり得る。よく「著作は著者の思惑を超えて一人歩きする」といわれるとおりである。

生命のパロールとエクリチュール

パロールとエクリチュールという概念は、DNAなどの生命情報にも通じるものがある。生命情報も本質的には記号の羅列であり、言語と非常によく似た存在なのである。

デリダも、反復可能性を有する非言語的な記号・マークとしてDNAについて言及している（『グラマトロジーについて』[*5]）。DNAやRNA、タンパク質に含まれる生体高分子の配列、つまりDNAやRNAでは塩基配列、タンパク質ではアミノ酸配列を、それぞれシニフィアンとみなすことも可能ではないだろうか。とすると、シニフィエに相当するのは、これら配列の指定に沿って具体的な形をとった機能性のRNAやタンパク質であり、またその具体的な機能や酵素活性などになるであろう。

生命情報を担う物質の中で、RNAやタンパク質は細胞の中で必要なときだけ作りだされ、自ら特定の形をとって機能したりするなど、一定の時空間的な制約条件の下で決まった役割を果たす。この意味で、RNAやタンパク質は「現前の存在的」で、パロールに近い存在といえる。

これに対し、DNAに記された情報は、比較的変化に乏しく、時代を超えて継承される。また細胞が与えられた環境に応じて、ゲノムDNAの中から最適な遺伝子についてRNAやタンパク質が合成される。これは言い換えるとDNAの「解釈」も、エクリチュールと同じように状況に応じて変化していくと考えられる。こう考えると、DNAは「生命のエクリチュール」とたとえられるのではないか。

かつて、分子生物学の勃興期に提唱された「セントラルドグマ」などの概念によれば、DNAはきわめて安定した変化しにくいものであり、それゆえ自己同一性がもっとも高く、その意味で、自己そのものだと考えられていたこともあった。組織や社会にも「〇〇のＤＮＡ」という言い方がよく使われるように、今日でも生命科学の外でそうしたイメージが強固に存在する。ところが、現在の生命科学においては、ＤＮＡはむしろ動的に変化し続けることが常識となりつつある（より詳しいことを知りたい方は、拙著『自己変革するＤＮＡ』などを参照して欲しい）。

次に、プラトンが議論したエクリチュールとパロールの関係のように、ＤＮＡとＲＮＡ間に優劣関係が存在するかを考えてみることにしよう。

この場合、ＤＮＡの情報が転写によって読み取られるので、ＲＮＡは情報の流れの上では「下流」に位置する存在である。いっぽうで、「機能」という観点から見ると、ＤＮＡよりもＲＮＡやタンパク質のほうが遥かに機能的である。その意味ではＲＮＡやタンパク質のほうがＤＮＡの上位に来るという考え方もあるだろう。さらにいえば、ＨＩＶのようなレトロ・ウイルスでは、ＲＮＡを鋳型にＤＮＡが合成され（「逆転写」という）、そのＤＮＡが宿主細胞の染色体ＤＮＡに侵入する。こういった場合、ＲＮＡがＤＮＡの上流に位置すると考えることも可能である。こう考えると、パロールとエクリチュールの場合と同様、ＲＮＡとＤＮＡの間の優劣関係や区別というのはあまり本質的な議論でないことがわかる。

「痕跡」と「戯れ」

もう一つの類似性としては、ＤＮＡやＲＮＡに記された情報は、進化という過去のプロセスの「痕跡」であるという点がある。

あとで再び取り上げるが、デリダはエクリチュールもパロールも、けっして表に出ることのないある種の「エクリチュール」（後述する原エクリチュール）の生み出す「痕跡」であると述べている。これだけ読むと何を言っているのかわかりにくいが、現時点の言語活動はそれ自体だけで生み出されたのではなく、他者との関わりの中で過去から未来へと営々と継続している諸々の言語活動の蓄積によって影響され、生み出されるものということである。同様に、現在の生物も、過去から未来における生物の進化によって生み出されるものとみなすことができる。

また、本章の冒頭で紹介した進化工学的方法で述べたとおり、生命進化においてまず重要なのは、多様性の現出である。この多様性は、生命情報のゆらぎ、言い換えると「生命の**戯れ**」によって生み出される。

この生命の戯れがあるがゆえに、遺伝的に多様な個体が生じ、世代を繰り返していくうちにその集合から、与えられた環境下でもっとも適応度が高い個体の比率が拡大していく。これにより、環境に最適な個体が淘汰され、進化が生じると考えられている。その点で、現時点の生物のＤＮＡというのは、過去の進化の痕跡と考えられるのである。

「戯れ」はデリダがよく用いる言葉である。デリダは、「戯れ」を「超越論的シニフィエの不在」であると説き、西洋形而上学《けいじじょうがく》の根底に流れる「超越論的本質・起源」の存在に疑念を示した。

これは何を言っているのか。何か超越的なものによって存在が構築されてきたのではなく、何者にも束縛されない存在のゆらぎと、存在同士の相互作用によって動的なネットワークが構築され、その結果としていまの存在ができあがったという考えである。本書の冒頭ですでに述べたとおり、これは生物の進化理論や進化工学的方法に近い考え方である。

言語の両義性と決定不能性

具体的にデリダのテクスト分析を見ていくことにしよう。デリダのプラトン論として、論文集『散種』（法政大学出版局）の中に「プラトンのパルマケイアー」という論文がある。この論文でデリダは、プラトンの対話集『パイドロス』[*6]に着目し、「パルマコン／ファルマコン phármakon」を取り上げている。

「パルマコン」というギリシャ語は薬局や薬学を意味するファーマシー pharmacy の語源になっている言葉である。実は、「薬」という意味以外に「毒」という正反対の意味がある。薬は生体にはたらきかけて病気を治す機能があるが、見方を変えるとなにがしかの生体機能に影響を及ぼしているので「毒」ともとれる。実際、薬品は使い方（処方量など）によって、毒としても作用する。睡眠薬で自殺をはかる人がいるのは、このような性質があるからである。

『パイドロス』の末尾部分では、文字を発明したエジプトのテウト神[*7]と王たるタムス神の会話をもとに、エクリチュールに対するパロールの優位性が述べられている。「文字」を発明したテウト神は、文字を用いることで人々は物事を記録することができ、記憶する必要がなくなると、タムス神に主張した。つまり、知恵が高まる秘訣《ひけつ》（単語としては「薬」としての「パルマコン」が用いられている）であると肯定的に説明したのである。

しかし、タムス神は、「文字」を用いることで人民の記憶力が弱くなり、想起することしかできなくなると、逆に疑念を示した。つまり、文字は記憶の「薬（パルマコン）」ではなく、想起しかできなくなる「毒」であると答えたのである。プラトンはこの文字のパルマコンの件《くだり》を用いて、エクリチュールというのは毒（パルマコン）であり、パロールに劣るものであると説いた。いっぽうで、デリダはプラトンの言説の中に、エクリチュールの「薬」としての側面も触れていること、つまりパルマコンに両義性・多義性があることを指摘している。

もう一つ、『パイドロス』には興味深いエピソードがある。ソクラテスは非常に出不精な人物で、城壁都市であったアテナイ（アテネ）からほとんど出なかったといわれている。しかし、『パイドロス』では、アテナイ内部に留まっていたソクラテスが、パイドロスが携えてきた外部からの書物（エクリチュール）に誘惑されて、アテナイの城壁の外に連れ出された、とされている。[*8]

> ……とはいうものの、どうやらきみは、ぼくを外へ連れ出す秘訣を発見したようだね。ちょうど飢えた家畜を引き立てる人たちが、葉のついた枝とか何かの果実とかを鼻先で振ってみせながら連れていく、あれと同じやり方で、書物のなかの話をぼくの目の前に差し出していれば、きみは、アッティカ中はおろか、どこでも君の思いのままのところへ、ぼくを引きまわすことができそうではないか。（『パイドロス』二三〇、一部省略）

つまり、書物（エクリチュール）の薬としてのはたらき、あるいは毒のはたらきにより、パイドロスはソクラテスを城壁の外に連れ出すことに成功したのである。

「なぜ、エクリチュールは誘惑するのか？　内なるものを外にさまよい出させるのか？　それは、エクリチュールがパルマコンだからである」[*9]

もう一つ、パルマコンと関係の深い重要な言葉に「パルマコス」がある。これは、アテナイを災厄から守るために神に捧《ささ》げられる生け贄《いにえ》のことである。ギリシャでは、城壁内に生け贄のために醜く貧しい人間が生かされていた。

これらの人々は災厄をもたらす穢《けが》れを祓うため、毎年のタルゲリアの祭りの際、男のために一名、女のために一名が城壁の外に放逐され、石打ちにより殺害された。このパルマコスも「毒」を外部に放逐することで、内部を浄化する「薬」として利用していることになる。

『パイドロス』に描かれた「薬」であるべきソクラテスも、アテナイから「毒」なる危険人物とみなされ、内から排除され、「毒」殺刑に処せられた。

このように、「パルマコン」という言葉は、「薬」でもあり「毒」でもあるという、単なる両義性を超えた「決定不可能性」をもっている。それがプラトンの決定論的な言説の中に記されている。

すなわちプラトンは、「パルマコン」という本来は二項対立的に意味を決定できない言葉を用いながら、エクリチュールが「劣」でパロールが「優」という二項対立的決定を導き出したのである。その中に自己矛盾が潜んでいる、デリダはそう指摘した。さらに、プラトンやソクラテス以来の西洋形而上学には、このような強引ともいえる二項対立的な優劣関係（善悪、優劣など）を決めつける傾向があり、その決定は暴力的であるとも述べている。

脱構築における「代補」

このようなテクスト自体のもつ多元的可能性を分析し、問題点を見出していくやり方を、デリダは「脱構築 déconstruction」と呼んだ。脱構築は、その後、哲学だけでなく、文学、建築、さらには社会科学でも広く使われるようになったが、これに関連する「代補」、「差延」、「散種」などの概念と、生物多様化と存続のプロセスとの間にも、興味ぶかい共通性がみられるように思われる。いくつかの具体的な事例をもとに、述べてみよう。

「外部／内部」という区別は、人間や社会を考えるうえでも広く使われる二項対立要素であるが、生物においても、「体内」と「外部環境」という外部と内部の区分けが存在する。

この二項対立の上では、本質的でないものを外部におき、本質的なものを内部に取り分けて捉えることが多い。それによって、内部に「純粋な本質」だけが精製されて残っていくかのように考える。これは第二章で記したDNA発見者ミーシャーが得意としていた「生化学 biochemistry」の分野で、生体分子を精製して試験管内（in vitro）でその分子の本質的機能を探るやり方に近いものがある。

しかし、デリダは「外部」と「内部」の境界についても決定不可能性が見出されると主張している。境界の決定不可能性が生じる局面で登場する概念が、「代補 supplément」である。代補とは、外から何かを補う補足物として本体に追加されるものが、本体に侵入し内部になってしまうことを指す。補足物はたとえば義足であるとか、眼鏡であるとか、そういう類いのものである。

「補足」という概念には、「内部」と「外部」の区別が先行的に含意されている。眼鏡でいえば、身体が内部で眼鏡が外部である。デリダは、形而上学的にはこのような補足物が、内部である本体に組み込まれ、侵入し、一体化してしまう運動があると説いた。眼鏡を日常的に利用している人にとって、それはもはや身体の一部であり、失われると体の一部がなくなったかのような困惑を覚えるだろう。そういう状況を代補という。

プラトンやソクラテスは、エクリチュールはパロールを補う代補であると考えていた。これは、パロールこそ現前する自己を示す内部の存在であり、エクリチュールはそれを補うものにすぎないという音声中心主義に基づく。実際に、ソクラテス自身は書物を残すことはせず、対話することを重視していた。

しかし皮肉にも、その考えはプラトンによって書物として残され、我々がその思想に触れることができたのである。現在我々がソクラテスの考えを理解しようとすれば、プラトンの生み出したエクリチュールを通じてしか知ることはできない。また、ソクラテスが何かをしゃべろうとするとき、その脳内にはかつて遭遇したエクリチュールの蓄積があり（パイドロスによるソクラテスの誘惑は書物を用いておこなわれた）、それが起源となってパロールとして現れ出ていると考えられる。

つまり、パロールの中にその代補であるエクリチュールが潜んでおり、両者は一体化する運動の中にあるのである。このように内部と外部の対立を不可能にするはたらき、これが代補である。また、このようにパロールなどに根源的に潜んでいるエクリチュールを「**原エクリチュール** archi-ecriture」という。

生命にとっての代補と決定不可能性

生物の世界でも、ミトコンドリアや葉緑体などの細胞内小器官は、古来は細胞の「外部」に存在した細菌に由来すると考えられている。細胞の外部の細菌細胞が、別の細胞内部に取り込まれ、細胞と共生状態を作り上げたといわれている。

その過程で、たとえばミトコンドリアは、侵入された細胞にとってもエネルギー生成において不可欠な存在となった。また、ミトコンドリアや葉緑体それ自身の増殖に関わる遺伝子が細胞核に侵入して「内部化」したため、もはや細胞外に出ることができなくなったと考えられている。つまり、外部が内部と一体化する運動があり、境界は攪乱されているのである。

遺伝子においても、遺伝子の外部と内部の境界は、アミノ酸をコードする領域とそれ以外で明確に仕切られているように見える。しかし、一部の非コードDNA領域には、遺伝子の発現を制御する「代補」配列（たとえば「エンハンサー」や「トランスポゾン」）が埋め込まれている。

第二章で取り上げたソニック・ヘッジホッグのエンハンサーが変異することで、ヘビの四肢が失われたことを記した。この際、遺伝子自体には変化がないが、その代補の配列に変化が生じることで、遺伝子機能自体が大きく変わったのである。

また、真獣類の胎盤を作り上げたのはトランスポゾン由来の遺伝子であることも知られている。さらには、非コードDNA領域には、機能未知の短いペプチドをコードする可能性がある「遺伝子のなり損ない」のような部分がある。この代補配列には、将来遺伝子に昇格する可能性がある。つまり、代補配列は遺伝子が正常にはたらくために必須であるだけでなく、遺伝子と同一化することもあるのである。

もう一つ事例を挙げると、ゲノムDNAには、遺伝子と配列が似ているが、発現することがない偽の遺伝子、「偽遺伝子」という代補配列が多数存在する。これらは、遺伝子重複によってコピーが増え、その間に変異が入って多様化し、一部が機能を失うことで生じたと考えられる。

偽遺伝子は一般的には機能をもたないと考えられる。しかし、配列のよく似た偽遺伝子、あるいは偽遺伝子によく似た遺伝子の間では、相同組換えが生じている。この組換えは、ある配列を鋳型にコピー・アンド・ペーストのようにその配列によく似た受け手に情報を転移するもので、遺伝子変換と呼ばれている。

遺伝子変換が複数の偽遺伝子の間で双方向に作用すると、偽遺伝子間の配列が均一化する方向にはたらく。逆に、一方向性に遺伝子変換が生じると、受け手の配列が多様化することがある。

鳥類の獲得免疫を担う抗体遺伝子では、抗体遺伝子から少し離れた位置に、それによく似た偽遺伝子が多数連なって存在している。これらの偽抗体遺伝子はそれぞれ配列が少しずつ異なっている。抗体産生細胞の分化の初期段階において、それぞれの偽抗体遺伝子を鋳型にして、抗体遺伝子に向けて一方向性の遺伝子変換が継続的に生じる。

この遺伝子変換により、抗体遺伝子が何度も上書きされてシャッフルされ、病原体のような多数の抗原を認識する抗体遺伝子の多様性が生み出されている。つまり、代補配列の作用により、本体の遺伝子機能に多様性や機能性が付与されているのである。

もはや遺伝子とその「外部」である代補配列は、遺伝子と一体化していると言っても過言ではない。デリダの説く「代補が内部に侵入し一体化する運動」が、生物のゲノムDNAの世界でも、重要なはたらきをしているのである。

反復と「差延」

このように、生命は変わりゆく環境に応じてしなやかにその姿を変化させていく。そうした環境との関わり方（認識）の運動の表現としては、デリダが造語した「差延 Différance」が、ぴったりくるように感じる。différance という言葉は、difference の e を a に替えたものであり、差異の延長というニュアンスを込めている。

差延は、狭義では言語のもつ多義性や多元性、ゆらぎが継続して生じることで、人間の認識が絶えず変化し続けていくことを示す。認識が自己同一的に維持されているのではなく、むしろ常に同一性からずれ続けていること、また現在の認識は、過去から未来に及ぶこの差延の運動の痕跡にすぎないということを意味する。

つまり、現在の自分の存在というものを認識するやいなや、それはすでに自分自身と違いが生じ、遅延が見られるということになる。「いまの私」はすでに「過去の私の痕跡」という感じであろうか。デリダは、全事象は繰り延べられる痕跡であると述べ、現前する同一的自己を純粋で絶対の存在と考える西洋的「現前の形而上学」を批判したのである。

差延の重要な成立条件の一つに、「反復可能性 itérabilité」がある。本書ではすでに何度も反復可能性について言及してきているので、慧眼な読者はお気づきであろう。

この反復可能性は、本章の冒頭に示した進化工学的方法における「ゆらぎ→選択→ゆらぎ→選択」という反復プロセスにも必須な要件である。進化工学的方法では、一発目の変化では十分に性能が向上することは少ない。プロセスを何度も繰り返して続けていく過程で、徐々に目的とする物質の性能が向上していくのである。

人間の言語、ひいては社会などもデリダの思想もこのような「多様性→選択→多様性→選択」という歴史的過程の中で生み出されてきたものであり、反復されていくことが永続的な発展にとって重要であるように見える。

生命の差延

では、生命にはどのような「差延」が見出されるだろうか。

言語が差異の体系と捉えられるのと同じように、DNAやRNA、タンパク質も「差異の体系」とみなすことができる。DNAやRNAに記された情報（記号）というのは基本的に塩基という四種類の記号の羅列であり、タンパク質はアミノ酸という二〇種類の記号の連続体である。DNAやRNA、タンパク質は、それぞれ物質的には斉一性が高い。しかし、その中には分子に含まれる情報が異なるものが多数存在し、それにより異なる機能を発揮できる。これらの生体分子で異なっているのは、記号の並び方である。つまり、生体分子は記号配列の差異が重要で、その体系が生命を形づくっていると考えられる。

すでに述べたとおり、DNAは相同組換えやトランスポゾンなど部位特異的組換えのはたらきで、絶えず変化し続けている動的な存在、言い換えると「戯れる」存在である。

ＲＮＡに至ってはより変異が頻繁に入る。ＲＮＡゲノムをもつレトロ・ウイルスはこの高変異性により、次々と新たな宿主に感染し、その免疫系を回避して増殖する。また、レトロ・ウイルスが細胞に感染すると逆転写酵素というタンパク質のはたらきによりＲＮＡゲノムを鋳型にＤＮＡを合成し、これを宿主染色体ゲノムＤＮＡに挿入する形で、ＤＮＡを直接編集する。

このような外部からのゲノム侵入者に対しては、ゲノムＤＮＡの組換えにより多様化した獲得免疫システムや、細胞内のＤＮＡメチル化などのエピゲノム修飾、バクテリアにおいて獲得免疫のようなはたらきをするCRISPR-Cas9[*10]のように、ＲＮＡの手助けのもとで外来ＤＮＡにはたらきかけて、そのはたらきに対抗する仕組みも存在する。

ＤＮＡやＲＮＡ、タンパク質も、言葉と同じように、外部環境との相互作用によってこのように絶えず変化していくものである。その結果として、現在の地球上の生物多様性と言語・文化の多様性が生み出されてきた。言語も生命情報も、時の推移の中で、ずれ続け、現在でも変化し続けている。その変化のプロセスは永遠に反復し続け、常に存在は非同一的になる。

どれも似ていながら違う生成物として、継承され続けていく。この差異が存在し続けるために、言語も生物も絶えず変化し、環境に合わせて「進化」することが可能になる。

つまり、生命進化・言語進化のプロセスは、反復可能な差異が重なり続けていく運動、つまり「差延」がベースになっている。このような考えによれば、いまある生物や言語・文化は、過去の活動が生み出した「痕跡」と捉えられるのである。

他者の散種

デリダが扱う「差異の戯れ jeu」では、何かを狙ったように多元性が生じているのではなく、偶然かつ予見不可能な形で多元性が現れ、それが絶え間なく生まれ続ける。このような流動的で捉えどころのない「決定不可能」をもっており、「反復可能」の存在を前提として、「他者」の介入、つまりネットワークにおける他者の介入する余地が生まれる。[*11]

これは、ちょうど生命が進化する際に、偶発的に多様性が生じ、特定の環境下でもっとも生存・増殖に適した生物が淘汰され、進化し続けていくというダーウィン進化の考え方に近い。

このようないわば決定不可能で繁殖可能（反復可能）な多元性を、デリダは「**散種** Dissémination」と呼んだ。この散種という言葉は「種まき」や「播種《はしゅ》」という生物学的な意味をもつが、その中央部にある sémin は精子 semen と対応しているとされる。散種で問われる多元性は、生物の有性生殖で見られる多元性と同じように、変化し続ける無限の多元性であり、有限の現存する多様性とは次元が異なる。

さらに興味深いのは、散種は自己が他者に先立って残したものである点である。生物的に解釈すると、親世代が精子や卵に作りだした多様性は、完全に次世代のためのものであり、親世代に帰属することはない。

デリダの言葉を借りれば、「散種は父に帰属しない＝回帰しないものを表す」ということになる。自らその果実を収穫するのではなく、次世代、しかも自らから派生しているのにコピーではない非同一的存在を残すこと。これは次世代への「贈与 don」であると捉えることができる。この場合次世代とは、けっして自らに回帰しない「全き他者」と捉えることができる。

レヴィナスとデリダ

デリダはさまざまな思想家の影響を受けているが、筆者として大いに気になっているのはリトアニア生まれのユダヤ人哲学者、エマニュエル・レヴィナスの思想との関係である。

デリダの散種同様、レヴィナスも自己に回収されない、または自己と同一化されない他者の存在や、無限なる他者について述べている（レヴィナスとデリダではこの「無限」に対する捉え方が異なると考えられているが）。レヴィナスについては、すでに拙著『自己変革するＤＮＡ』の末尾で取り上げているので、本書では簡単に述べるに留めたい。

レヴィナス自身は、第二次世界大戦中、ドイツ軍の捕虜として抑留された。フランス在住の彼の家族はかくまわれてホロコーストから生き延びることができたが、リトアニアにいた親兄弟は殺害されている。レヴィナスは、生涯にわたりホロコーストの生存者としての軛《くびき》を負い続けた。第二次世界大戦中にアルジェリアでユダヤ人として育ち、市民権剥奪などの過酷なユダヤ人排斥[*12]を経験したデリダも共通した背景を有する。

ホロコーストを生み出したナチズムなどの全体主義の特徴は、共同体や民族意識が前面に表れ、個を暴力的に抑圧する点である。理想実現のためには、過剰なまでに異質分子を排除するという二項対立的傾向がある。

このような考えが行き着いた先は大量虐殺＝ホロコーストである。レヴィナスもデリダも、西洋哲学の根底に潜んでいるこのような超越的存在による排他的傾向を、痛烈に批判し続けたのである（もっとも、このような傾向は欧州に留まらず、日本をはじめ世界中に見られることであり、人間の有する根源的な傾向なのかもしれない）。

「顔」と超越的痕跡

レヴィナスはその解決策として、「他者に超越的な痕跡を見出す倫理」という、他者と自己の関係性に立脚した新たな倫理観を提唱した。

レヴィナスの思想では、デリダの散種と同様に、他者は自己に回帰しない（同一化できない）存在であるとされる。この他者をレヴィナスは「顔 visage」と呼ぶ。[*13] そして、他者は「無限に超越的なものであり続け、無限に異邦人的なものであり続ける」絶対的存在であると述べ、「他者」と対峙《たいじ》する「私」に善なる倫理意識を呼び起こすというのである。

ここでいう「他者」というのは、少しわかりにくいかもしれないが、たとえば病人や老親、貧困者、障害者などを想定してみてほしい。

これらの他者と対峙したとき、つまり「顔」に直面したときに、心に湧き出る「助けたい」という善なる意識や責任感、これが人間自身の倫理的な自己を作りだし、さらには自己の自由までも増大させるとレヴィナスは説くのである。

このような考え方は、カトリック信者でもあった哲学者岩田靖夫《やすお》によれば、新約聖書の「ルカの福音書」に記された「良きサマリヤ人のたとえ」のようなキリスト教の「隣人愛」[*14] に近いものであると捉えることもできるだろう。[15]

この「顔」は、自己に取り込んだり、自己と同一化しようとしたりしてもできない。他者と自己の間には埋めがたい間隙があり、なおかつ他者は過去から連続的に連なる超越的存在とみなされる。

生物の「顔」と「私」

レヴィナスが「他者」を象徴する言葉として、「顔 visage」という言葉を用いたことは、生物学的に見ても興味深い。

「顔」は非常に個人の個性が顕著に表れる器官である。そのため、守衛の「顔パス」だけでなく、近年は入国管理やスマートフォンなどでも「顔認証」が用いられている。人間が他人の印象を形成するとき、顔の表情がかなりの影響を与える。欧米人はそのことを家庭で教育されているのか、初対面の人に会うときは必ず笑顔を向ける（日本人にはその風習がないため、海外で初対面の人にぶっきらぼうな顔で対応し、ずいぶん損しているように思う）。おそらく顔というボディ・パーツは、その個人の個性や特徴を顕著に反映し、表現する「識別子」のような役割を果たしているのであろう。

また、さらに注目すべき点は、「顔」が遺伝の支配を強く受ける点である。一卵性双生児の顔がうり二つなのはそのためである。二〇一五年の遺伝学の研究によれば、鼻の高さや歯の形などの顔のパーツは、九六〜九〇％程度（完全に遺伝で決定される血液型の場合はこれが一〇〇％）親からの遺伝によって決まるとされている。[16] したがって、「顔」に現れる差異というのは、基本的に遺伝情報の差異が大きく作用していると考えられる。

最近、米国の著名な合成生物学者クレイグ・ヴェンターが、複数の顔画像情報と個別ゲノムＤＮＡ情報を分析し、ゲノムＤＮＡから顔を推定できるとする論文を発表した。[*17] これには、「ヴェンターの推定は単に平均的な顔のイメージを描出しているにすぎない」など、生命科学研究者から辛らつな批判が寄せられている。しかし、将来的に顔画像とＤＮＡサンプル数を増大させ、ビッグデータを機械学習させれば、原理的にＤＮＡから顔を推定することがある程度可能になってくると思われる。

話を戻そう。遺伝情報は差延の作用により、反復的かつ無限に脱構築をしていく性格を有する。言い換えると、「顔」はＤＮＡの脱構築過程の痕跡を端的に示しているのだろう。

過去から連なり自己に同一化できない「顔」に対峙するとき、「他者」が「私」にはたらきかけ、内なる「私」が作られていく。そのような他者から自己への贈与が積み重ねられて今日がある。だからこそ、「汝《なんじ》殺すなかれ」と語りかける「顔」である他者を暴力的に抹殺してはならないのである。

エクリチュールの暴力性

デリダは後年、法や正義の問題における脱構築の考察に時間を割いたが、『グラマトロジーについて』（現代思潮新社、上下巻）でもすでに、言語や言説、たとえば名称などが、決定不可能なものを強引にクラス分けする一種の暴力性を有することを述べている。

たとえば特定の人物に名前を付けることを考えてみるとよいだろう。人間に名前や番号（マイナンバーや社会保障番号）を付けるということは、社会システムの中にその人を登録する（書き込む inscrire）ことになる。

しかしその名前や番号は、その人の独自性や主体性を何ら代表するものではない。名前に至っては、同姓同名の別人物がいることすらある（かつて青森に羽柴秀吉と名乗る企業経営者が、選挙のたびに立候補していたが、この人物はもちろん安土桃山時代の秀吉ではない）。名前や番号は「顔」にはなり得ないのである。レヴィナスを論じた論文『暴力と形而上学』でデリダは、このような西洋形而上学的あるいはプラトン的・決定論的な言語・エクリチュールの暴力を「光の暴力」と呼んだ。

デリダはまた、言説を抑圧する第二の暴力、「夜の暴力」、すなわち最悪の暴力についても触れている。この暴力は独裁国家や全体主義国家でよく見られるように、特定の人間が他者の言説を抑圧し、言葉や議論を失わせるテロリズムの暴力である。

どの国とはあえて名を挙げたりはしないが、ある種の全体主義国家やテロリスト集団では、個人の言説は厳しく制限されている。言説はミシェル・フーコーのいう「パノプティコン」（ジェレミー・ベンサムが提案した、すべての囚人を一望のもとに監視できる構造の監獄）のような監視施設により絶えずモニターされ、多様な意見が生じる機会が封殺される。デリダやレヴィナスは、ナチスドイツによる迫害の被害者として、この種の暴力についての痛切な体験をもっている。

対抗手段としての脱構築

このあからさまな二つの暴力に対して、人間はなすすべがないのであろうか。二一世紀の現在も、大量殺戮や収容所にあたる施設は地球上からなくならない。そんな現実を見せられると、暗然とした気持ちになるが、筆者としては、デリダが語った第三の暴力「別の光の暴力」に、やはり希望を見出したい。

「別の光の暴力」とは、すなわち脱構築の暴力である。この脱構築の暴力により、第一と第二の暴力に立ち向かうことが可能になる。[*18]

「別の光の暴力」は、言説のもつ原暴力性を認識したうえで、脱構築を通じて他者の（解釈などの）侵入を促し、第一の光の暴力による決定論的・ロゴス的な束縛や、第二の暴力である言論抑圧の問題を解消することができるという。つまり、脱構築は、二つの暴力から逃れる運動であるのだ。

デリダはなぜそう考えたのだろうか。これは、言説が他者によって反復して引用され、読み解かれ、多様に解釈され続ける脱構築のプロセスを通じて、その言説に他者へ応答する責任性を喚起するから、と考えることができるだろう。

デリダは「言説を読む」ということは、読者がその言説に新たな署名を追記することであると言っている。言説はそのような他者の署名の連鎖を求め続ける本質的構造を有しており、読者一人一人もまたその署名の責任を負っているのである。[*19]

ここにおいて、言説は同一性の軛から解放され、他化という変化の手段を得る。脱構築は、決定不可能なものを固定的に束縛する**ロゴス的言説**を解放し、自由な展開を導く創造的な機能をもつのである。

そういう意味で、脱構築は一部で信じられているような単なるニヒリズムではなく、未来への希望をつなぐ創造的で本質的な人間活動である。脱構築は他者の言説への限りなき侵入をもたらす。これは、レヴィナスの言う「**全き他者**」からの呼びかけと似た運動である。

そうした脱構築は当然、法や正義という問題を射程に収めることになる。法もまた国家権力などの「力の一撃 coup de force」[*20]によって生み出され、正当化不能な暴力を含んでいる。善悪など、本来単純に決定することが不可能なものに関する決定をおこなうのが法である。したがって法それ自体を「正義」とはいえない。法に他者の介入を認め、時々に応じて修正を可能とする脱構築こそが正義である、とデリダは主張している。[*21]

「生殖——生命の戯れ」の超越的痕跡

レヴィナスとデリダの間にはもう一つ興味深い共通点がある。それは、生物の生殖と他者論の関わりだ。

デリダは、有性生殖に連なる「散種」の概念で、決定不可能で自己に同一化できない多元性の重要性に着目した。レヴィナスも、「性をつうじて主体は、絶対的に他なるもの、形式論理では予見もできないタイプの他性との関係に入りこむ。つまり、関係しながらも他なるものでありつづけ、けっして『私のもの』となることがないものとの関係に入りこむのである」と語っている。[*22]

これを生物学的に考察するならば、有性生殖を通じて両親のDNAがシャッフルされ、その子は親と似ていて関係はあるものの、けっして同じ個体（すなわちクローン）にはならないという仕組みのことが想起される。また、親のDNAもその親の代のDNAをシャッフルして得られたものであり、これが過去に延々と「反復」されてきたがゆえに、現在の自己が成立していると考えることができる。

言い換えると、現在の自己は、けっして介入できない過去の「生命の戯れ」の連鎖によって生み出された存在であることを意味する。このような過去に連なる事象の連鎖は、現存的な理性の認識を超えている。そのため、レヴィナスはこれを「超越的痕跡」と呼んでいるのではないか。

また、レヴィナスは他者の超越性について、「存在する《エグジステ》ことそれ自体において、多数性と超越がある。この超越は、〈私〉がそこにはこび去られることのない超越である。息子は私ではないからである。にもかかわらず、私は私の息子なのである。〈私〉の多産性とは、〈私〉の超越にほかならない」*23とも述べている。つまり、単なる過去の連鎖ではなく、多元性の戯れが連鎖してきたことが重要であると述べている。

生命の多元性と脱構築

多元性の戯れの連鎖のもつ創造性、これこそ、デリダが脱構築で述べたかったことではないかと考えている。脱構築は多元性を伴いつつ反復してずらし続ける運動であり、それがゆえに物事は発展していく。であるがゆえに、個の多様性やゆらぎが重要であり、かつ反復して変化し続けていく進化のようなプロセスが、全体主義のような形で社会から失われてはならないと主張しているように思われる。

我々が子孫を残そうとするとき、両親のＤＮＡをシャッフルして多様な遺伝情報をもつ精子や卵を作りだす。これが受精により個体を生み出すのであり、次の世代は親世代とは異なる多様な遺伝的バックグラウンドを獲得していく。ちょうど進化工学的方法でまず多様性を作りだすように。この多様性があるがゆえに、外部環境に応じてしなやかに生物が変化し、生き残っていくことができる。生物の生存戦略の中心に多元性が存在するのである。

一つ興味深い事例を挙げてみよう。生物の進化のプロセスにおいても、一見出来損ないのようなは み出しものが重要な役割を果たす。たとえば、「ワンダーラスト遺伝子」をもつ人々が挙げられる。神経の刺激を伝える物質の一つドーパミンを結合する受容体（DRD4）の一つが変異した人々が、全世界の人口の二〇％を占めるといわれている。この変異（7R）をもつ人間は落ち着きがなく、注意欠如・多動症（ADHD）や育児放棄、暴力などの問題を引き起こす傾向があるとされる。この変異遺伝子は、ワンダーラスト（旅への渇望）遺伝子とも呼ばれており、この変異をもつ人は放浪や旅行好きで、冒険や移住を好む傾向がある。

興味深いのはワンダーラスト遺伝子をもつ人々は、環境によって異なる性質を示すことである。十分に親の愛情を受けて豊かな環境で育つと、他人に進んでものを分け与える親切な性格になる。また、新しい環境や新分野に挑戦するというチャレンジャーや開拓者としての側面をもっている。つまり、ある条件では悪い遺伝子変異として機能するが、別の条件では人類の発展に大きな寄与をしてきたと考えられる。

以上の事例は、遺伝子がゆらいでいくことで多元性が生成し、生物に新たな活路が生み出されることを示している。これと同じことがテクスト（文書）にも見られる。テクストの内容も時代を経て解釈が変わってくることがある。ある時代には「善」と捉えられた内容が、時代の変遷によって「悪」と捉えられることもあるだろう。たとえば、昔は差別用語として意識されていなかった言葉が、社会的な差別行動と連動することで悪意を孕《はら》んだ意味をもつようになり、使用が憚《はばか》られるようになることは多々ある。書物に関しても、温故知新のように、著者が当初意図した文脈が別の角度から解釈され、その結果として新しい概念を生んだりすることがある。

デリダは、テクスト・エクリチュールは多元的で差異のある解釈を多産するものであり、これによって人間の認識が変化していくという可能性を示した。

レヴィナスもデリダも、各々の個性をもちながら、このような多元的差異の生成と淘汰による再編成（デリダ的に言えば脱構築）が、未来における人間の生存のためにも重要なのではないかと問うているのではないだろうか。[*24]

個の多元性を失った生殖

これまで、生物の持続的な生存だけでなく、人間社会の持続的発展や、文化や政治などの世界においても、一種の創造的プロセスとして、多元性を用いた脱構築が重要であることを述べてきた。最後に、そうした多元化プロセスが阻害された場合何が起きるか、また多元化プロセスを維持していくための方策について見ていこう。

生物にとって個の多元性を失う局面とは、無性生殖や単為生殖など、**クローン**的に増殖する状況である。ソメイヨシノは、生殖可能な実を結ばず、挿し木などで増やしていく、いわばクローン増殖で増える植物である。クローンであるため、どのソメイヨシノも遺伝的に同一である。そのため、同じ環境にさえあれば、異なる木であっても花は同時に咲きやすいということになる。これが、一斉に咲いてパッと散るソメイヨシノの特徴を生んでいるのである。

厳密に言うとクローン増殖ではないが、雌が産んだ卵だけで増える（単為生殖）タイプの生き物がいる。これらの生物では、卵を作るときに通常の減数分裂のように、染色体の組換えがおこなわれることがある。その場合、子孫のゲノムDNAにはわずかな違いが存在する。しかしながら、そのような場合でも、近親婚と同じようにゲノムDNA情報の多様性はきわめて低いはずである。

一例としては、ギンブナが挙げられる。人間は父・母由来の染色体を計二セットもっており、これを二倍体という。ところが、ギンブナは染色体が三セットある三倍体である。しかも、卵だけで子孫を残せる単為生殖をおこなう。卵が発生をはじめる際には受精が必要であるが、これはギンブナの精子である必要がなく（そもそもギンブナは雌が主体なので雄はほとんどおらず、精子は調達が困難）、ほかの魚の精子の刺激があればよい。精子の遺伝情報は子孫には伝えられない。このような生物では雄の遺伝情報は不要であり、子孫は原則的にすべて母親由来のDNAを有する。

本書の前半の減数分裂の項目でも述べたが、クローン的に増殖するのは、増殖効率という点では非常に優れている。なにより、雌だけいれば効率的に子孫を増やすことができるからである。

ところが、実際の生物界を見回してみると、このようなタイプの生物は非常に限られている。また、単為生殖をする生物種（たとえばミジンコ）でも、環境に応じて雄が登場して、雄と雌の双方の遺伝情報をシャッフルできる有性生殖が可能になることがある。地球上では雌雄両性の生殖によって増える生物種が大半を占めるのである。

なぜ、このような不利なタイプが幅をきかせているのかは謎が多い。一説によれば、これらのクローン的に増殖する生物は、遺伝的多様性が乏しいほか、ウイルスなどの病原体などに対する抵抗力が低く、病気になりやすいなどの欠点であるとのことである。

すでに述べたことであるが、クローン的な増殖相は、たとえばミジンコのように栄養環境がよい恵まれた状態によくみられる。ところが、危機の状況下では雄が出現し、有性生殖相が作動するのである。

本書のこれまでの議論を踏まえると、単為生殖では個体の多様性が失われ、「脱構築的な進化」が困難になって、おそらく危機的状況下において淘汰されてしまうのだろうと説明することができる。

個の多元性を抑圧する社会

人間社会でも個の多元性を抑圧する状況がある。先に述べた「パノプティコン」的な監視社会、抑圧的な体制の組織、独裁的指導者が支配する非民主的な国家などがその例である。これらの国家や社会・組織の一つの特徴は、その構成員に等しく発言権や生存権が与えられていないことである。国家や社会・組織の運営に関して、民主主義のように構成員の意思が反映されることは困難で、特定の限定的な権力者の考えにより、すべての物事の方針が決定される。

これらの組織ほど大規模でなくても、個の多元性の抑圧が生じることがある。たとえば個々人の個性を抑制する「場の空気」のようなものも含まれるだろう。日本でもかつて村落などで、「村八分」のように異質な構成員を執拗《しつよう》に排除する慣習があった。現在でも「いじめ」のように、個性が強い人間を対象とした排斥行為がおこなわれている。これらはいわゆる「場の空気を読まない人物」を排除しようという作用である。

山本七平は『「空気」の研究』（文藝春秋社）で、日本社会では同調を強要する「空気」の支配が強く、意思決定の際に個人が自由に意見を述べられず、それによって不合理な決断が何度もなされてきたことを指摘している。このような強い同調圧力を有する社会のあり方は、個の自由や多元性を抑圧し、新しい活動の発展が阻害されてしまう。最悪のケースでは、第二次世界大戦中の日本のような独裁国家的レベルにまで発展してしまう懸念もある。

近年声高に強調される**グローバリズム**も、考えようによっては個の多元性を抑圧するものと捉えることができるだろう。現在のグローバリズムは、一部の大国の文化や倫理、経済などの基準を、まったく異なる文化的背景をもつ国に押しつける植民地主義的グローバリズムである。特定の国や企業にだけ都合のよい指標や標準が弱小な国に押しつけられ、多くの国が自らの文化を踏みにじられて、窮屈な思いをしているのが今日の世界である。

卑近な例を挙げると、大学においても、各国の文化や伝統、体制を考慮せず、一部の旧大英帝国植民地の大学に有利な指標による「大学ランキング」が生み出されている。大学とは知の自由をもっとも重んじ、人類の叡智《えいち》や良心が育まれる場所である。短期的な利益を生み出すための営利企業と同列の序列化には、本来なじまない長期的な目標をもった組織である。また大学は、本来地域や国家などの個性を見出し、それを尊重していくべき存在である。特定の国に有利な指標で勝手に格付けされ、その結果として各国の大学が本来の目標を見失い、没個性的な横並び競争に奔走する悲惨な状況がもたらされている。

このような植民地主義的で強制的なグローバリズムは、当然市民からよく思われていない。昨今、欧米諸国を中心に、アンチグローバリズム運動、反移民運動、反動的な民族主義的傾向などの拡大が大きな問題になっている。「真のグローバリズム」というのは、単純にどこかの国のやり方を世界に押しつけ、世界を均一化するということではなく、逆に個々の国家などの個性を尊重し、国家を本質的に多元的な存在として尊重し、地域性や個性を活かすものであるはずである。

個の多元性が失われる状況下では、内部から問題を見出して改革していく力が失われはじめ、状況が次第に固定化、均一化していく。その結果として差別や階層化、ポピュリズムが助長されていくことになる。

階層化のもっとも深刻な影響は、教育の格差であろう。社会のもっとも恵まれない階層において、十分な教育を受けられない事態が常態化すると、これらの階層の人々は問題を認識し、その異常性を社会に向けて発信することすらできなくなる。最弱者の「顔」が消されてしまうのである。

このような悪循環により、社会や組織を構成する人々は自由にものが語れなくなり、その結果として社会の調整機能や創造的なプロセスが作用しなくなる。この状態に落ち込めば、人類社会は進化の袋小路に陥り、進歩する力を失うだろう。

自己生産システムとしての民主主義

東京大学の社会学者佐藤俊樹《としき》によれば、社会学では社会などの組織を「階統的な分業組織（ヒエラルキー、官僚制）」と捉える立場と、「行為のネットワーク」と捉える立場が存在する。

「行為のネットワーク」的見地の一例が組織の「**自己生産システム** autopoietic system 論」である。これは、環境変化に柔軟に対応するために、組織が事後的かつ再帰的 recursive に過去の行為の意味の変更も可とするネットワークとして機能しており（このあたり反復可能な脱構築に類似している）、その結果不安定性を抱えたシステムとして、組織が構成されているという考え方である。

もちろん、分業組織としての社会組織の一面はあるものの、脱構築的に社会の発展を許容するためには、後者の自己生産システムが機能していなければならないのは自明である。この自己生産システムの要の一つとして機能するのが、個を尊重する民主主義のシステムなのであろう。

民主主義のもつ自己生産機能あるいは社会維持機能を端的に示す事例を報告したのが、インド・ベンガルの出身で、アジアではじめてノーベル経済学賞を受賞したアマルティア・センである。その守備範囲は広く、厚生経済学だけなく、公共政策や政治哲学にも及ぶ。

センは一九八一年に代表的著作となった『貧困と飢饉』（邦訳・岩波書店、二〇一七年）を発表した。この中で、一九四三年にベンガル地方で起こった大飢饉や、その他の飢饉に着目し、その真の原因を究明した。その結果、飢饉の原因の本質は、食糧リソースの不足ではなく、住民の「**エンタイトルメント** entitlement」、すなわち食糧などの生活に必要な資源の調達能力や、突発的に生じる剝奪から身を守る具体的な能力が、何らかの社会的要因によって失われていることにあると結論付けた。より具体的に説明すると、飢饉が起こるメカニズムとしては、買い占めや買いだめ、それに伴う物価上昇、ひいては略奪行為などのほうが重要であったということである。

興味深いことに、エンタイトルメントが喪失したもっとも大きな要因は、民主主義の欠落や個の人権侵害であると述べている。これは、社会の最弱者にも等しく人権が保障され、情報発信する機会が与えられている社会では、その情報を政府がくみ取って寄り添うことが可能になる。その結果、政府の制度的な介入により飢饉のようなパニック的な事態を回避することができるようになるからである。実際に、自由な報道システムが存在する国家や、(真の意味の)民主主義形態の整備された国家では、大飢饉と呼べるほどの事態が発生したことがないとも述べている。

抑圧からの解放と人間の安全保障

多元性を抑圧することが、人間の創造的発展プロセスを阻害することはわかった。問題はこれをどうやって克服するかであろう。

センはこの点に関し、従来の合理的で理想的な選択をおこなう個人を想定して組み立てられた経済学、アダム・スミスの言う「神の見えざる手」のみに依存した古典的な経済学の限界を指摘し、個人の尊厳や自由に重点を置いた「**ケイパビリティー** capbility、潜在能力」を最大化することが重要と考えるに至った。

センによれば、ケイパビリティーとは、「人間がよい生活・人生を過ごすために、状態や行動を選択する機能の集合」であると述べている。具体例としては、「よい栄養状態にある」、「健康な状態を保つ」、「自分を誇りに思う」などが挙げられている。さらに、「ケイパビリティー」を定量化して拡大する政策的努力をおこなうことが、発展の目標になるのではないかと主張した。

このようなケイパビリティーを用いたアプローチの一つとして、パキスタンの経済学者マブーブル・ハックがセンらの指導を受けて考案した「**人間開発指数 HDI, Human Developmental Index**」がある。

国際連合開発計画によれば、「人間開発指数（ＨＤＩ）は、保健、教育、所得という人間開発の三つの側面に関して、ある国における平均達成度を測るための簡便な指標である」とされる。人間開発指数は具体的には、平均余命、識字率、就学率、国内総生産などによって決まる。二〇一五年のランキングでは、一～三位が、それぞれノルウェー、オーストラリア、スイスとなっており、米国は一〇位、日本は一七位、中国は九〇位にランクされている。

個人的にはこのような指標を作って単純に各国に当てはめていく暴力性（大学ランキングなどとあまり変わらない）に疑問を感じないわけではないが、ＧＤＰなどの経済指標だけで国を見ていく現状に対しては、次善の策としてはあり得るのではないか。

こういった指数の導入よりも、個の多元性を保証するために重要な要素は、政治や金融・経済システムの「透明性の保証」や、人間一人一人の基本的人権・生存権の保障である「**人間の安全保障**」であろう。

「透明性の保証」については、もう歴史的事件となりつつあるリーマン・ショックのような経済危機の背景として、「**情報の非対称性**（特定の取引者だけが情報を保持していること）」や、種々の隠蔽があったことはまだ記憶に残っているはずである。これに対しては過剰すぎて企業が苦しんでいる実情がある点はさておき、制度的に各種の開示や説明が企業や金融機関に求められ、かなり改善が進んだといえる。

いっぽう昨今では、各種メディアを通じた情報操作やフェイクニュースなどが、大きな問題となっている。ネットなどで情報があふれるがゆえに、正確な情報がマスクされてしまう懸念も出てきている。これに対しては各種のプロフェッショナルなメディア主体の果たす役割が大きいのであるが、メディアの大衆化・ネット化や経済優先の姿勢など、まだまだ解決すべき構造的問題が残されているのではなかろうか。

「人間の安全保障」は、外務省の説明によれば、「人間一人ひとりに着目し、生存・生活・尊厳に対する広範かつ深刻な脅威から人々を守り、それぞれのもつ豊かな可能性を実現するために、保護と能力強化を通じて持続可能な個人の自立と社会づくりを促す考え方」、あるいは「人間の生にとってかけがえのない中枢部分を守り、すべての人の自由と可能性を実現すること」とされている。センのケイパビリティー・アプローチの発展型として、従来の国家単位の安全保障を補完する概念として導入された概念である。

人間の安全保障の実現を目指す政策に関しては、日本が国際社会の中で重要な役割を果たしてきた。近年ではこれが国際連合の具体的な国際的政策目標である「**持続可能な開発目標**（ＳＤＧｓ、sustainable development goals)」という形で結実するに至っている。

持続可能な開発目標

二〇一六年にまとめられたＳＤＧｓに関する日本の実施指針によれば、そのビジョンは「持続可能で強靱、そして誰一人取り残さない、経済、社会、環境の統合的向上が実現された未来への先駆者を目指す」というものである。

ベースとなっているのは、二〇一五年九月に国連で採択された「持続可能な開発のための二〇三〇アジェンダ（二〇三〇アジェンダ）」である。このアジェンダでは開発途上国だけでなく、世界全体の経済・社会・環境を統合した存在として調和させる方針が示されている。

具体的な国際社会が目指す目標として、「持続可能な開発目標（ＳＤＧｓ）」が提案され、一七の目標と一六九の対象が設定された。アジェンダの前文では、「我々は、世界を持続的かつ強靭（レジリエント）な道筋に移行させるために緊急に必要な、大胆かつ変革的な手段をとることを決意している」と述べている。

これは、センがよく用いている「コミットメント」、つまり責任と約束をもって、目標達成に向けた活動に現実に参加することを世界が宣言したということである。哲学的な用語で言うと「アンガージュマン engagement」のような具体的な参加、行動が、「顔」をなす各個人に求められている。残念ながらまだこのＳＤＧｓの本質は、社会一般から十分な理解を得られていないようであるが、このような活動がこれから社会を構成する人々に浸透していくことが期待される。

生物においても人間社会においても、変動する外部環境の中で長期間の持続可能性を保持するためには、多元性が根源的に重要な役割を果たすことを述べてきた。多元性原理は変化に対応し、システムを高次レベルに発展させていくために不可欠なのである。

短期的視点では無駄に思えるゆらぎや標準外の存在が、世の中を変えていき、環境の変化に適応するための強靭性《レジリエンス》をもたらしている。このようなことは、現代の効率化を追い求める社会で忘れがちである。また、一部の国で顕在化する情報の国家管理、個人の尊厳や個性に対する抑圧、狭い意味での民族主義の台頭などは、人類社会の多元性を失わせるものである。我々はこのような動きに対しては、細心の注意を払っていく必要があるだろう。そのためには、「蓼食う虫も好き好き」の本質に、一人一人が思いを巡らせてほしいと願う。

註

[第1章]

＊1 Mora C. et al., How many species are there on earth and in the ocean? *PLoS Biol.* 9(8): e1001127, 2011

＊2 Yasunaga T. et al., Two new species of the plant bug genus *Sejanus* from Japan (Heteroptera: Miridae: Phylinae: Leucophoropterini), inhabiting urbanized environments or gardens. *Tijdschrift voor Entomologie* 156: 151-160, 2013

＊3 マイケル・J・ベントン『生命の歴史——進化と絶滅の四〇億年』鈴木寿志・岸田拓士訳、丸善出版、二〇一三年、九八頁

＊4 Bengtson S. et al., Fungus-like mycelial fossils in 2.4-billion-year-old vesicular basalt. *Nature Ecology & Evolution* 1: 141, 2017. DOI: 10.1038/s41559-017-0141

＊5 Tashiro T. et al., Early trace of life from 3.95 Ga sedimentary rocks in Labrador, Canada. *Nature* 549: 516-518, 2017

＊6 Hanschen ER. et al., The *Gonium pectorale* genome demonstrates cooption of cell cycle regulation during the evolution of multicellularity. *Nature Comm.* 7: 11370, 2016

＊7 Butterfield NJ., *Bangiomorpha pubescens* n. gen., n. sp.: Implications for the evolution of sex, multicellularity, and the Mesoproterozoic/Neoproterozoic radiation of eukaryotes. *Paleobiology* 26: 386-404, 2000

＊8 ピーター・ウォード、ジョゼフ・カーシュヴィンク『生物はなぜ誕生したのか——生命の起源と進化の最新科学』梶山あゆみ訳、河出書房新社、二〇一六年、第七章

＊9 Erwin D. H., Laflamme M., Tweedt S. M., Sperling E. A., Pisani D., and Peterson K. J., The Cambrian conundrum: Early divergence and later ecological success in the early history of animals. *Science* 334, 1091-1097, 2011

＊10 *Anomalocaris,*「珍妙なエビ」という名前、イカとシャコとエビをあわせたような形の水棲動物。『ワンダフル・ライフ』では、最初はペユトイア、ラグガニア、アノマロカリスの三種が別の生物だと思われていたが、化石を詳細に再検討した結果、実はこれらは大きなアノマロカリスの部分的な化石であることが再発見されたという研究の経緯が生き生きと描かれている。

＊11 総説としてShu D. et al., Birth and early evolution of metazoans. *Gondwana Research* 25: 884-895, 2014

＊12 Ｈｏｘ遺伝子群は文字どおりグループを形成しているのであるが、たがいによく似ていて、いずれもホメオドメインという共通の部位をもつ一連のタンパク質を生み出す。これらのタンパク質はＤＮＡに結合し、生物の形態形成に関与する別の遺伝子の使い方（発現）を調節するはたらきをもつ。

＊13 Cameron RA. et al., Unusual gene order and organization of the sea urchin hox cluster. *J. Exp. Zool. B. Mol. Dev. Evol.* 306: 45-58, 2006

＊14 Kikuchi M. et al., Patterning of anteroposterior body axis displayed in the expression of Hox genes in sea cucumber *Apostichopus japonicus. Dev Genes Evol.* 225: 275-286, 2015

＊15 現在筆者らの研究室では、人工的にゲノムＤＮＡに多数の切断を導入し、実際に実験室レベルでゲノムの進化が加速するかどうかという研究をおこなっており、この仮説を支持する証拠を得つつある（Muramoto N. et al., Phenotypic diversification by enhanced genome restructuring after induction of multiple DNA double-strand breaks. *Nature Comm.* 9: 1995, 2018）。

＊16 Van Valen L., A new evolutionary law. *Evolutionary Theory* 1: 1-30, 1973

＊17 マイケル・J・ベントン『生命の歴史――進化と絶滅の四〇億年』丸善出版、一四四頁

＊18 Isozaki Y., Permo-Triassic boundary superanoxia and stratified superocean: Records from lost deep sea. *Science*

276: 235-238, 1997

*19 Isozaki Y., Integrated "plume winter" scenario for the double-phased extinction during the Paleozoic-Mesozoic transition: The G-LB and P-TB events from a Panthalassan Perspective. *J. Asian Earth Sci.* 36: 459-480, 2009

*20 Alvarez LW. et al., Extraterrestrial cause for the Cretaceous-Tertiary extinction. *Science* 208: 1095-1108, 1980

*21 Hildebrand AR. et al., Chicxulub Crater: A possible Cretaceous/Tertiary boundary impact crater on the Yucatán Peninsula, Mexico. *Geology* 19: 867-871, 1991

*22 Chatterjee S., Multiple impacts at the KT boundary and the death of the dinosaurs. *Proc. 30th Intern. Geol. Congr.* 26: 31-54, 1997

*23 Singh RN. and Gupta KR., Workshop yields new insight into volcanism at Deccan Traps, India. *Eos.* 75: 356, 1994

*24 Pennisi E., Naturalists' surveys show that British butterflies are going, going .... *Science* 303: 1747, 2004

*25 Ceballos G. et al., Accelerated modern human-induced species losses: Entering the sixth mass extinction. *Science Advances* 1: e1400253, 2015

[第11章]

*1 The ENCODE Project Consortium, An integrated encyclopedia of DNA elements in the human genome. *Nature* 489: 57-74, 2012

*2 Pennisi E., ENCODE Project writes eulogy for junk DNA, *Science* 337: 1159-1161, 2012

*3 Kvon EZ. et al., Progressive loss of function in a limb enhancer during snake evolution. *Cell* 167: 633-642, 2016

[第三章]

＊1 http://www.wolframalpha.com/input/?i=rule+90

＊2 Joel L. Schiff『セルオートマトン』梅尾博司・Ferdinand Peper 監訳、共立出版、二〇一三年

＊3 チューリング・マシン（図3－5）は概念上の計算機械であり、一種のオートマトンでもある。セルごとに情報を記録可能な無限に長いテープ、そのテープから情報を読み書きするヘッドという装置、内部状態を保持する記憶装置、という三つの構成要素からなる。ヘッドがテープの特定のセルの情報を読み取ったのち、記憶装置内のそのときの状態とセルの状態から、あらかじめ定めたルールにしたがって、次のステップで何をおこなうか（内部情報およびセルの情報をどう書き変えるか、ヘッドを左右どちらに一つずらすか）が決まる。同じことを繰り返していき、停止状態になるまでサイクルを繰り返す。万能チューリング・マシンというのは、あらゆるチューリング・マシンを模倣できるタイプのチューリング・マシンをいう。生命システムというのは、具体的な物質的実態をもつ万能チューリング・マシンであると捉えることができる。

＊4 D・N・レズニック『二一世紀に読む「種の起原」』垂水雄二訳、みすず書房、二〇一五年

＊5 末端複製問題とは、DNA複製のメカニズム上の問題でDNAの末端が複製のたびに短縮してしまう問題のことである。これにより、細胞分裂のたびにテロメアが短縮し、やがてヘイフリックの限界に到達して細胞老化や細胞死が起こる。

＊6 Quian Quiroga R. et al., Invariant visual representation by single neurons in the human brain. *Nature* 435: 1102-1107, 2005

＊7 https://googleblog.blogspot.com/2012/06/using-large-scale-brain-simulations-for.html

＊8 Wakamoto Y. et al., Dynamic persistence of antibiotic-stressed mycobacteria. *Science* 339: 91-95, 2013

＊9 Awazu A. et al. Broad distribution spectrum from Gaussian to power law appears in stochastic variations in RNA-seq data. *Sci. Reports.* 8: 8339, 2018

[第四章]

＊1 Irie N. and Kuratani S., Comparative transcriptome analysis reveals vertebrate phylotypic period during organogenesis. *Nature Comm.* 2: 248, 2011

＊2 Asashima M. et al., Mesodermal induction in early amphibian embryos by activin A (erythroid differentiation factor). *Roux's Arch. Dev. Biol.* 198: 330-335, 1990

＊3 Kondo S. and Asai R., A reaction-diffusion wave on the skin of the marine angelfish *Pomacanthus*. *Nature* 376: 765-768, 1995; Kondo S. and Miura T., Reaction-diffusion model as a framework for understanding biological pattern formation. *Science* 329: 1616-1620, 2010

＊4 Imayoshi I. et al., Oscillatory control of factors determining multipotency and fate in mouse neural progenitors. *Science* 342: 1203-1208, 2013

[第五章]

＊1 Transgressing the boundaries: Toward a transformative hermeneutics of quantum gravity. *Social Text* 46/47, 217-252, 1996

＊2 "The editors of the journal Social Text, for eagerly publishing research that they could not understand, that the author said was meaningless, and which claimed that reality does not exist." (「Social Text の編集者たちへ。授賞理由は、著者が無意味であり真実がないと主張し、編集者も理解できなかった研究を熱心に出版したことに対して」)

＊3 新約聖書「ヨハネの福音書」一章一節

＊4 高橋哲哉『デリダ――脱構築』講談社、一九九八年、七七～七九頁

＊5 原エクリチュールは「生物細胞内のもっとも基本的な過程」でも語り得る。

＊6　プラトン中期の著書で、ソクラテスとパイドロスの会話をまとめたもの。「恋愛」や「エロース」が中心的なテーマで、デリダが分析した「エクリチュールとパロール」の問題については末尾部分で付属的に取り上げられている。

＊7　一般的には「トート神」「トト神」と表記されることが多い。数や計算、幾何学、天文学、文字などを発明したエジプトの神。この上位に神々の中の神というタムスがいる。『パイドロス』末尾ではテウトが文字の発明をタムスに披露し、エジプトに広く普及させるよう勧めた話がまとめられている。

＊8　高橋哲哉『デリダ――脱構築』講談社、六二〜六三頁

＊9　高橋哲哉『デリダ――脱構築』講談社、六三頁

＊10　ＣＲＩＳＰＲ（クリスパー、Clustered Regularly Interspaced Short Palindromic Repeat）は、バクテリアゲノムに見出された反復配列で、一種の獲得免疫として機能している領域である。外部からファージの感染などにより侵入したＤＮＡ断片を記録し、再度同じファージがバクテリアに感染した際は、この部分から合成されるＲＮＡが「Ｃａｓ９」というタンパク質に取り込まれ、このＲＮＡと相補的な配列をもつファージＤＮＡに結合して、それを分解・無力化する。

＊11　「散種は究極的には何ものをも意味しない＝言おうと欲しない」

＊12　ユダヤ人にもフランス市民権を与える「クレミュー法」が、ドイツ軍によるフランスの支配を受けて（アルジェリアにはドイツ兵はいなかったが、ヴィシー政権を担ったフィリップ・ペタンによる指示のため）一九四〇年に廃止された。このため、アルジェリアのユダヤ人が市民権を失った。

＊13　「顔は、内容となることを拒絶することでなお現前している。その意味で顔は、理解されない、言い換えれば包括されることが不可能なものである」（『全体性と無限（下）』熊野純彦訳、岩波文庫、二九頁）

＊14　するとと彼は答えて言った。「『心を尽くし、思いを尽くし、力を尽くし、知性を尽くして、あなたの神である主を愛せよ』、また『あなたの隣人《となりびと》をあなた自身のように愛せよ』とあります。」（「ルカの福音書」一〇章二七節、

『新改訳聖書』第三版、いのちのことば社、二〇〇三年）

＊15 岩田靖夫『ヨーロッパ思想入門』岩波書店、二〇〇三年、二四二～二四三頁

＊16 Polderman TJC. et al., Meta-analysis of the heritability of human traits based on fifty years of twin studies. *Nature Genetics* 47: 702-709, 2015

＊17 Lippert C. et al., Identification of individuals by trait prediction using whole-genome sequencing data. *PNAS* 114: 10166-10171, 2017

＊18 高橋哲哉『デリダ——脱構築』講談社、一三六頁

＊19 同前、一六三～一六七頁

＊20 デリダ『法の力』堅田研一訳、法政大学出版局

＊21 同前

＊22 『全体性と無限（下）』熊野純彦訳、岩波文庫、二一二頁

＊23 同前、二一四頁

＊24 「超越すなわち善さは多元性として生起する」（レヴィナス『全体性と無限（下）』二七〇頁）

おわりに

本書はあまり生物学の知識をもっていない方々に、生物の多様性の意義を伝えることを意図して、かれこれ刊行の五年ほどまえに企画された。こんなに時間がかかったのは、正直言ってかなりたいへんな作業であったからである。

理由（というより言い訳だが）はいくつかあるので、あとでまとめるが、まずなんと言っても生物学の複雑性である。この一〇〇年ほどで生物学に関する知識は莫大なものとなっており、現在でも日進月歩の進展を見せているため、専門用語や重要概念が多すぎたことが挙げられる。

いっぽうで、初等・高等教育における生物学は未《いま》だにマイナー科目の扱いのままである。大学入試においては、問題が最近の研究成果をもとに出されることがあるので、対策がしにくいであるとか、物理に比べると高得点をとるのが難しいなどの理由で、生物学を入試科目として選択する学生が年々少なくなってきている。医学部入試などでは生物学を入試科目として選択すると不利になると、予備校や高校で指導しているようである。そのためか、医学部に進学する学生（東大では理科三類）の生物学に対する知識は低いのが現状である。この先、生物をあまり知らない医者が増えてくるかもしれないのが、ちょっと心配である。

一般の方々については、幸いなことに生物学に関心はあるようだ。しかしながら、基本的な知識の積み重ねがないので、似非科学に惑わされやすい状況にある。「はじめに」でも書いたが、ほとんど効果が期待できない民間療法がもてはやされたり、高額な健康食品やサプリメントがよく売れたりしているが、これもそのためではないかと思われる。

こういう状況をなんとか打開するのが、現役の生物学者のつとめなのであろうが、なかなかそれは困難である。まず、最初に述べたように生物学の知識が増大し、専門化が進んだことがある。次に、生物学は研究競争が激烈で、生き残るための活動（研究費申請や論文投稿など）をするので精一杯になる。さらには、近年継続しておこなわれている大学改革・研究所改革で、大学教員や研究所の研究者の自由な時間が奪われ、疲弊していることが挙げられる。しかしながら、誰かがなんとかしなければならないだろうということで、重い腰を上げた次第である。文系の方々にもわかりやすい本を、という本書のもくろみは果たして達成できたか、いささか不安ではある。

本書のもう一つの大胆で無謀なもくろみは、現在はあまり注目されなくなった現代思想に、生物学の観点からもういちど光を当てるということである。筆者は現代思想のファンではあるが、研究者ではない。このようないわば素人のような人間が大胆に哲学の世界について述べることは、正直言ってたいへん無謀である。しかしながら、生物学者として感じることについて表明することは、生物学者にしかできないことなので、これも無謀を承知で挑戦してみた次第である。

本書を記してみてわかったことは、デリダの思想はどう考えても当時の生物学の思想の影響を受けているのではないかということであった。実際デリダ自身も、自身の哲学的概念をＤＮＡなどに拡張して議論している。

また、デリダの同時代である一九五〇〜六〇年代(『声と現象』〔筑摩書房《ちくましょぼう》〕と『グラマトロジーについて』が一九六七年に刊行)は、DNAの遺伝物質としての正体の解明や遺伝コードの解読など、分子生物学が著しい成果を挙げていた。

デリダらが活動していたパリでも、ジャック・モノーやフランソワ・ジャコブが、特定の遺伝子が環境条件に応じて選択的に発現する機構を説明するモデルとして「オペロン説」を生み出すなど、たいへん重要な発見が相次いでいた。モノーが『偶然と必然』(みすず書房、一九七二年)という生命哲学論を発表したのは一九七〇年で、デリダの『散種』(法政大学出版局、二〇一三年)が発表されたのは一九七二年である。デリダらのフランスの思想家が、このような科学的事件に影響を受けた可能性は高いのではないか。

筆者は短い期間パリで研究していた。パリという街は、芸術家や思想家、科学者が異文化交流するにはたいへんよいところである。議論好き、理屈っぽいフランス人たちのことである、おそらく、一線の研究者や思想家がサンジェルマン・デ・プレなどのカフェで語らうことがあったのではないだろうか。

本書では、相当がんばって、専門外の分野に越境して議論をおこなった。執筆にあたって、多くの方に内容の確認をお願いし、多数の助言を得た。幸い、筆者は現代の知的サロンともいうべき東京大学の駒場キャンパスにおり、あらゆる分野の第一人者が身近におられる。地球の生命史に関して磯崎行雄教授、発生分野では道上達男教授、複雑系生物学では若本祐一准教授、人工知能・脳科学では植田一博教授、社会学分野では佐藤俊樹教授、哲学分野では高橋哲哉教授にご意見をいただいた。また、発生・進化分野では、東京大学理学部の入江直樹准教授、赤坂甲治名誉教授にもご意見をうかがった。これらの方々には、この場をお借りして深く感謝申し上げたい。さらに、雑事に追われて執筆に挫折しそうな筆者を、完成までサポートしていただいた講談社学芸部の青山遊氏に心から感謝申し上げる。

なお、本書の趣旨やスペースの関係から、先行研究を網羅して引用することができず、必要なものを漏らしている可能性がある。これらについては、お許しをいただきたいと思う。また、右に挙げた方々に助言を得ているが、もし本文の記述について不適切な部分や過誤があれば、それはすべて筆者の責任である。

最後に、本書が多元的な人類社会の永続的発展に少しでも寄与することを願って、筆を擱くこととする。

二〇一八年六月

太田邦史

太田邦史（おおた・くにひろ）

一九六二年東京生まれ。東京大学理学部卒業、同大学院理学系研究科生物化学専攻博士課程修了。理学博士。理化学研究所研究員を経て、現在、東京大学大学院総合文化研究科教授。専門は分子生物学、遺伝学、構成生物学。Invitrogen-Nature Biotechnology 賞（ベンチャー部門、二〇〇六年）、文部科学大臣表彰・科学技術賞（研究部門、二〇〇七年）をそれぞれ受賞。著書に『エピゲノムと生命』（ブルーバックス）、『自己変革するＤＮＡ』（みすず書房）など。

「生命《せいめい》多元性原理《たげんせいげんり》」入門《にゅうもん》

二〇一八年　九月一〇日　第一刷発行

著者　太田邦史《おおたくにひろ》

発行者　渡瀬昌彦

発行所　株式会社講談社
東京都文京区音羽二丁目一二―二一　〒一一二―八〇〇一
電話（編集）〇三―三九四五―四九六三
（販売）〇三―五三九五―四四一五
（業務）〇三―五三九五―三六一五

装幀者　奥定泰之

本文データ制作　講談社デジタル製作

本文印刷　信毎書籍印刷株式会社

カバー・表紙印刷　半七写真印刷工業株式会社

製本所　大口製本印刷株式会社

ISBN978-4-06-513026-1　Printed in Japan
N.D.C.460　253p　19cm

講談社選書メチエ　刊行の辞

書物からまったく離れて生きるのはむずかしいことです。百年ばかり昔、アンドレ・ジッドは自分にむかって「すべての書物を捨てるべし」と命じながら、パリからアフリカへ旅立ちました。旅の荷は軽くなかったようです。ひそかに書物をたずさえていたからでした。ジッドのように意地を張らず、書物とともに世界を旅して、いらなくなったら捨てていけばいいのではないでしょうか。

現代は、星の数ほどにも本の書き手が見あたります。読み手と書き手がこれほど近づきあっている時代はありません。きのうの読者が、一夜あければ著者となって、あらたな読者にめぐりあう。その読者のなかから、またあらたな著者が生まれるのです。この循環の過程で読書の質も変わっていきます。人は書き手になることで熟練の読み手になるものです。

選書メチエはこのような時代にふさわしい書物の刊行をめざしています。

フランス語でメチエは、経験によって身につく技術のことをいいます。道具を駆使しておこなう仕事のことでもあります。また、生活と直接に結びついた専門的な技能を指すこともあります。

いま地球の環境はますます複雑な変化を見せ、予測困難な状況が刻々あらわれています。

そのなかで、読者それぞれの「メチエ」を活かす一助として、本選書が役立つことを願っています。

一九九四年二月　　野間佐和子